电力设备全过程技术监督 典型案例

输电、保护及其他类设备

国网湖南省电力有限公司　组编

内 容 提 要

技术监督贯穿电力设备全寿命周期，为提高技术监督人员发现问题、剖析问题、解决问题的水平，强化技术监督能力，方便开展技术监督典型案例经验培训、交流协作，国网湖南省电力有限公司特编写《电力设备全过程技术监督典型案例》丛书。

本书为《输电、保护及其他类设备》分册，系统收集了国网湖南省电力有限公司近年来输电线路、避雷器、继电保护、支柱绝缘子、穿墙套管、调相机等设备全过程技术监督典型案例，并对各案例按情况说明、检查情况、原因分析、措施及建议等进行阐述和分析。

本书可供从事电力设备技术监督、质量监督、设计制造、安装调试及运维检修的技术人员和管理人员使用，也可供电力类高校、高职院校的教师和学生阅读参考。

图书在版编目（CIP）数据

电力设备全过程技术监督典型案例．输电、保护及其他类设备 / 国网湖南省电力有限公司组编．—北京：中国电力出版社，2023.10

ISBN 978-7-5198-7843-6

Ⅰ.①电… Ⅱ.①国… Ⅲ.①电力设备—技术监督—案例 Ⅳ.①TM7

中国国家版本馆 CIP 数据核字（2023）第 088538 号

出版发行：中国电力出版社
地　　址：北京市东城区北京站西街19号（邮政编码100005）
网　　址：http://www.cepp.sgcc.com.cn
责任编辑：赵　杨（010-63412287）　孟花林
责任校对：黄　蓓　朱丽芳
装帧设计：张俊霞
责任印制：石　雷

印　　刷：三河市万龙印装有限公司
版　　次：2023年10月第一版
印　　次：2023年10月北京第一次印刷
开　　本：710毫米×1000毫米　16开本
印　　张：13.25
字　　数：178千字
定　　价：58.00元

版 权 专 有　侵 权 必 究

本书如有印装质量问题，我社营销中心负责退换

《电力设备全过程技术监督典型案例》编委会

主　　任　张孝军

副 主 任　朱　亮　金　焱　周卫华　甘胜良　龚政雄　雷云飞

委　　员　毛文奇　黄海波　张兴辉　周　挺　刘海峰　黄福勇

　　　　　毛柳明　刘　赟　任章鳌

《输电、保护及其他类设备》编写组

主　　编　任章鳌

副 主 编　王海跃　敖　非

编写人员　廖振宇　曾泽宇　徐　浩　段建家　刘三伟　臧　欣

　　　　　余　斌　尹超勇　邹晨乔　何书迪　刘定国　彭　铖

　　　　　王　峰　李振文　谭　奔　喻　婷　孙泽中　岳一石

　　　　　段肖力　马良才　陈军君　刘维可　陈　卓　殷健翔

　　　　　夏　勇　蕾　茜　廖　欣　谢　亿　王　军　陆　州

　　　　　陈　胚　段明才　李　冬　张泽宇　唐晓峰　何雅静

　　　　　张　群　田　宽　乐耀璟　李付勤　张　蕊　张　维

前　言

技术监督贯穿电力设备全寿命周期，为提高技术监督人员发现问题、剖析问题、解决问题的水平，强化技术监督能力，方便开展技术监督典型案例经验培训、交流协作，国网湖南省电力有限公司特编写《电力设备全过程技术监督典型案例》丛书，本书为《输电、保护及其他类设备》分册。

随着国民经济的持续高速增长，全社会用电量屡创新高。为满足人民群众日益增长的用电需求，电力工业迅猛发展，电网规模迅速扩大，对输变电设备的性能和运行可靠性提出了更高要求。输电线路是承载电力负荷中心输送电的关键，雷雨季节遭受雷击的威胁大，出现的故障和不正常工作状态会影响电网的安全运行。继电保护是保障电力设备安全最重要的手段，是提高电网安全稳定运行的关键环节，由于回路缺陷或异常等原因引起保护拒动、误动，会对电网系统造成极为严重的影响。为深入贯彻国家电网有限公司“建设具有卓越竞争力的世界一流能源互联网企业”发展战略，落实精益化管理要求，总结电力生产事故教训，防范同类事故再次发生，提高电网安全生产水平，国网湖南省电力有限公司组织相关单位对近几年发生的典型故障及缺陷进行汇总分析，编写完成《电力设备全过程技术监督典型案例　输电、保护及其他类设备》。

本书是对国网湖南省电力有限公司近年来输电线路、避雷器、继电保护、支柱绝缘子、穿墙套管、调相机等设备故障及缺陷进行的梳理和总结。从14家地市公司共收集200多个案例，并从中精选了38例，包括输电线路故障及缺陷9例、避雷器故障及缺陷6例、继电保护设备故障及缺陷17例、其他设备故障及缺陷6例。

本书涵盖电气、机械、回路等方面故障及缺陷，对故障发生概况、现场和解体检查情况、事故原因进行了详细的阐述和分析，暴露出设备制造质量、运行管理等方面的众多问题，在隐患排查、故障定位和分析、家族性缺陷认定、故障防范等方面提供了交流学习、提高管理的参考范例和依据。

本书可供输电、保护及其他类设备制造、安装、运行、维护、检修等专业技术人员和管理人员参考，有助于提高输电、保护及其他类设备的运行、维护和检修水平。

由于时间和水平有限，书中难免存在疏漏和不足之处，请广大读者批评指正。

编者

2023年2月

CONTENTS 目录

1 输电线路技术监督典型案例

1.1 ±800kV宾金线地线断线导致设备故障分析

监督专业：输电线路　　设备类别：导地线

发现环节：运维检修　　问题来源：安装调试

1.1.1 监督依据

国家电网设备〔2018〕979号《国家电网有限公司关于印发十八项电网重大反事故措施（修订版）》

1.1.2 违反条款

依据国家电网设备〔2018〕979号《国家电网有限公司关于印发十八项电网重大反事故措施（修订版）》6.5.1.2规定，新建架空输电线路无法避开重冰区或易发生导线舞动的区段，宜避免大档距、大高差和杆塔两侧档距相差悬殊等情况。

1.1.3 案例简介

2019年2月16日，±800kV宾金线极Ⅰ故障，再启动不成功，极Ⅰ为闭锁状态，根据现场查找发现，此次故障点处（1513～1514号）存在地线断线的情况，故障基本情况见表1–1–1。±800kV宾金线于2014年6月投运，地线型号为LBGJ–150–20AC。

▼ 表1-1-1　　故障基本情况

电压等级（kV）	线路名称	故障发生时间（年/月/日/时/分/秒）	故障相别（或极性）	重合再启动情况	强送电情况		故障时负荷（MW）
					强送时间（年/月/日/时/分）	强送是否成功	
±800	宾金线	2019/02/16/19/11/31	极Ⅰ	不成功	2019/02/16/19/13	不成功	1736

1.1.4 案例分析

±800kV宾金线采用地线型号为LBGJ-150-20AC，±800kV宾金线地线参数见表1-1-2。

▼ 表1-1-2　　±800kV宾金线地线参数

项目	LBGJ-150-20AC	地线截面示意图
结构股数×直径（mm）	19×3.15	
截面积（mm^2）	148.07	
外径（mm）	15.75	
计算质量（kg/m）	0.9894	
拉断力（kN）	178.57	
弹性模量（MPa）	147200	
线膨胀系数×10^{-6}（1/℃）	13.0	
安全系数	3.5	
20℃直流电阻（Ω/km）	0.5807	

通过对断点处宏观形貌分析，发现表面铝层和钢芯呈高温过热迹象，主断口处的18股单线中有9股断口为明显的受力拉伸颈缩形貌，外面无任何可见的高温烧灼痕迹，如图1-1-1、图1-1-2所示。另外9股呈不同程度的高温过热状态，钢芯为黑色发亮状态，如图1-1-3所示。部分单线端面钢芯部分覆盖固态光亮的铝层，铝层熔化覆盖在钢芯端面，如图1-1-4所示。断线头

距断口0.7m范围内分布有两处较为明显的表层高温熔化面，面积约4cm²，并有两处钢丝股线局部有不同程度烧灼痕迹，如图1–1–5所示。

地线试验检测分析见表1–1–3，通过试验检测分析可知，铝包钢地线及钢

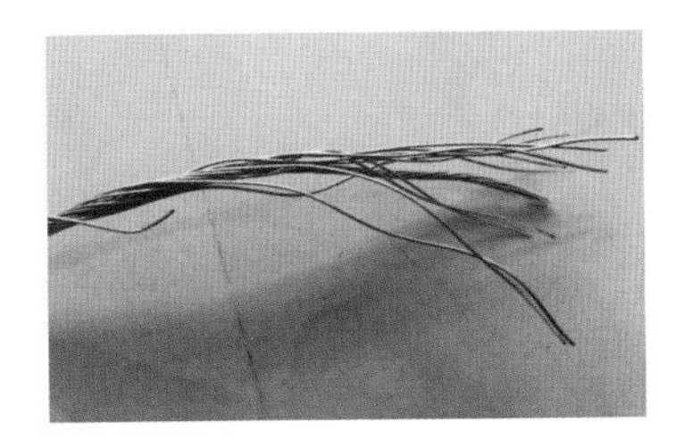

图1–1–1 断线头外观形貌

图1–1–2 试样断点形貌

图1–1–3 单线钢芯熔化

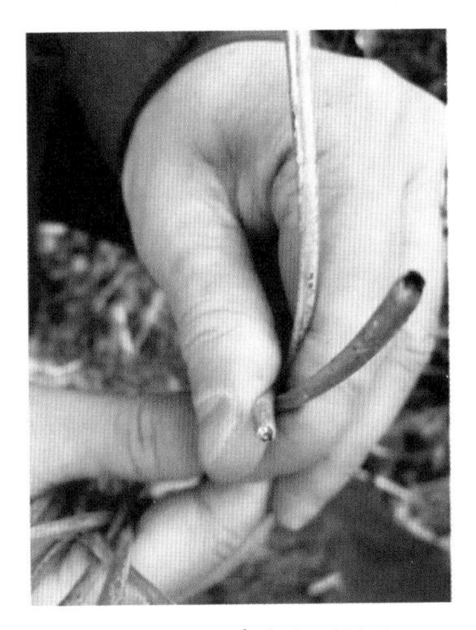

图1–1–4 单线铝层熔化覆盖在钢芯端面

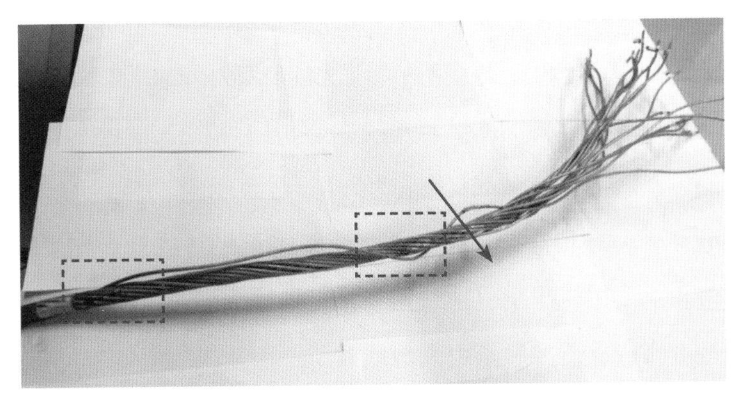

图1–1–5 断线头距断口0.7m范围内多处灼烧熔化

股的性能符合标准要求，而断口处部分股线的断面为高温过热，其外层铝合金与内部钢在界面处发生反应，Fe元素在高温下扩散到铝层内。同时，对靠近烧熔部位的钢高温后进行了淬火，维氏硬度提高63%。

▼ 表1-1-3　　地线试验检测分析

试验检测类型	试验检测项目	试验结果
铝包钢绞线理化试验	直径测量	合格
	节径比	合格
	破断力	合格
	直流电阻	合格
铝包钢线理化试验	直径测量	合格
	单丝抗拉强度	合格
	直流电阻	合格
	铝包钢股铝层厚度	合格
断口分析	断口微观形貌分析	1~14号样断口为典型的室温拉伸断口形貌
	金相组织分析	1、2号烧熔断口铝层与钢组织之间还存在一层厚度为200μm的中间层
	钢股维氏硬度检测	维氏硬度提高63%
	扫描电镜分析	发生了淬火，钢组织硬度提高
	能谱分析	内部Fe元素扩散到外部铝层中

1512~1513号与1513~1514号为大小档、高低档，前后档距相差281m，1513、1514号地线悬挂点高差相差131m，线路呈东西走向，历次寒潮均为北面（迎风面）覆冰较重。覆冰过程中，地线不平衡张力逐渐增大，同时出现不同程度扭转，造成地线预绞丝受损变形、断裂，橡皮胶垫受挤压后脱出，地线外层预绞丝缠绕橡皮胶垫部位直径变小，地线线夹握着力失效，导致地线向1513号前侧滑移。

地线滑移后，1513~1514号地线弧垂下降至平行或低于导线水平位置，受地线滑移和覆冰扭转影响，地线摆动接近导线造成放电，引发极Ⅰ闭锁故障，地线过电流造成覆冰脱落引发地线跳跃，因地线放电处单丝抗拉强度急剧下降，受脱冰跳跃载荷冲击影响造成地线放电处断开。

1.1.5 监督意见及要求

（1）对与 ±800kV 宾金线走向相同、路径相仿的线路开展设计覆冰厚度校核，提高地线设计覆冰及验算标准。

（2）适当缩短重冰区档距，尽量增加导、地线间净距。

（3）对微地形、微气候较多现象，增加冰情观测哨及相应观冰器具。

1.2 ±800kV 雅湖线光缆预绞丝失效事件分析

- 监督专业：输电线路
- 设备类别：金具
- 发现环节：运维检修
- 问题来源：安装调试

1.2.1 监督依据

国家电网设备〔2018〕979号《国家电网有限公司关于印发十八项电网重大反事故措施（修订版）》

1.2.2 违反条款

依据国家电网设备〔2018〕979号《国家电网有限公司关于印发十八项电网重大反事故措施（修订版）》6.3.1.1规定，大风频发区域的连接金具应选用耐磨型金具；重冰区应考虑脱冰跳跃对金具的影响；舞动区应考虑舞动对金具的影响。

1.2.3 案例简介

2022年2月16日，运维人员发现 ±800kV 雅湖线1862号极Ⅰ光缆小号侧耐张线夹预绞丝失效，光缆从预绞丝中滑脱，挂在地线支架主材与斜材连接处，未发生线路跳闸。±800kV 雅湖线投运时间是2021年6月21日，事件区段为雅湖线1861～1862号，雅湖线1861～1862号杆塔参数和基本情况见表1-2-1和表1-2-2。

表1-2-1　雅湖线1861～1862号杆塔参数

运行杆号	施工杆号	杆塔型号	塔型	呼称高（m）	海拔（m）	大号档距（m）	绝缘子			
							绝缘子材质	绝缘子型号	绝缘子串型	绝缘子片数（极×数量×串）
1861	2866	JC27201A	耐张	38	1127	565	瓷质	U550BP/240T	四联	2×62×4 2×73×4
1862	2867	JC27302A	耐张	48	1102	307	瓷质	U550BP/240T	四联	2×62×4 2×64×4

表1-2-2　雅湖线1861～1862号杆塔基本情况

起始塔号	终点塔号	故障区段长度（km）	故障区段档距（m）	故障区段海拔（m）	线路全长（km）	设计风速（m/s）	设计覆冰厚度（mm）
1861	1862	565	见表1-2-1	见表1-2-1	1694.463	27	小号侧：20 大号侧：30
杆塔型号	导线型号	光缆型号		绝缘子型号		设计污秽等级	投运时间
见表1	JL1/G2A-1000/80	OPGW-150		U550BP/240T		中污区	2021.06.21
设计单位	×××电力设计院						
施工单位	×××送变电工程有限公司						
运维单位	×××超高压输电公司						
资产属性	国家电网有限公司						

1.2.4 案例分析

1861～1862号杆塔地形为高山，呈现垭口微地形。2022年1月31日—2月12日，现场天气以雨雪、大雾天气为主，温度-4.7～3℃，湿度65%～98%，北风1.6m/s。自1月24日起共经历了5轮覆冰过程，其中2月1—4日平均覆冰12.8mm，2月5日天气转晴升温迅速融冰，2月6日再次降温，2月8日覆冰厚度达4.3mm后再次升温融冰，最大覆冰出现在2月4日为13.8mm。

根据1862号杆塔塔型，地线比模拟导线高约66m，考虑高差对冰厚影响，取10%作为校算，2月1—4日，1862号杆塔地线光缆平均覆冰为14.8mm，即1861～1862号杆塔光缆最大覆冰厚度为14.8mm，未超过设计覆冰厚度（小号侧20mm/大号侧30mm）。

对损坏的预绞丝进行宏观检查，内层预绞丝和外层预绞丝分别为16股和14股，如图1-2-1和图1-2-2所示；其中内层预绞丝与设计的OPGW-150适配的OBN1-BG-21型光缆单联金具串中内层预绞丝应为17根的要求不符，OBN1-BG-21型光缆单联金具串内外层预绞丝结构形式如图1-2-3所示。

检查内层预绞丝内表面可以发现内层预绞丝靠挂点附近“起灯笼”位置摩擦痕迹，如图1-2-4所示；并且内层预绞丝存在向档中方向的摩擦痕迹，如图1-2-5所示。此现象说明，OPGW与内层预绞丝发生过相对滑移（OPGW往档中滑移）。

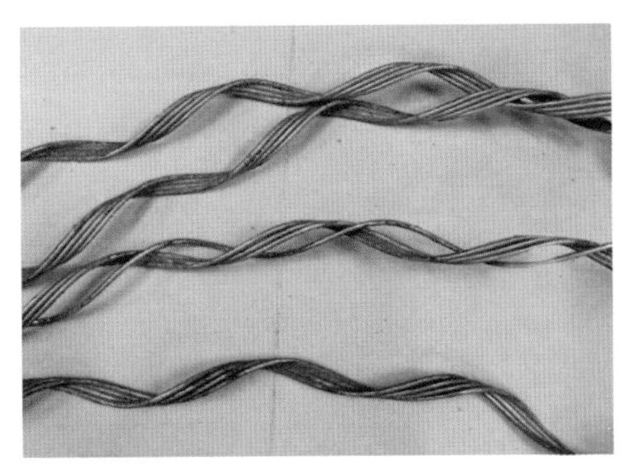
图1-2-1　1862号极Ⅰ内层预绞丝共16股

图1-2-2　1862号极Ⅰ外层预绞丝共14股

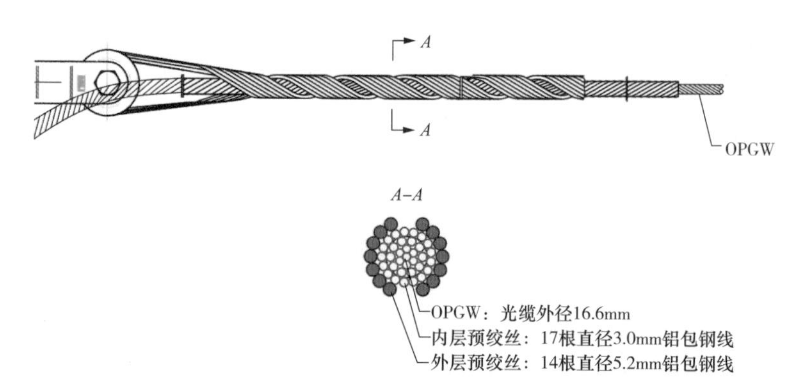

图1–2–3　OBN1–BG–21型光缆单联金具串内外层预绞丝结构形式

图1–2–4　内层预绞丝“起灯笼”位置摩擦痕迹

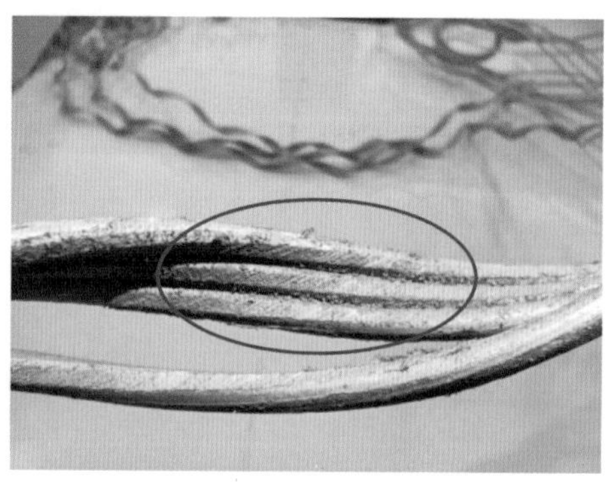

图1–2–5　内层预绞丝向档中方向摩擦痕迹

由于现场安装内层绞丝股数与原设计不一致，进一步测量预绞丝线径。内层预绞丝线径为3.55mm，外层预绞丝线径为5.20mm。内层预绞丝线径与设计值3.00mm不符，如图1–2–6、图1–2–7所示。

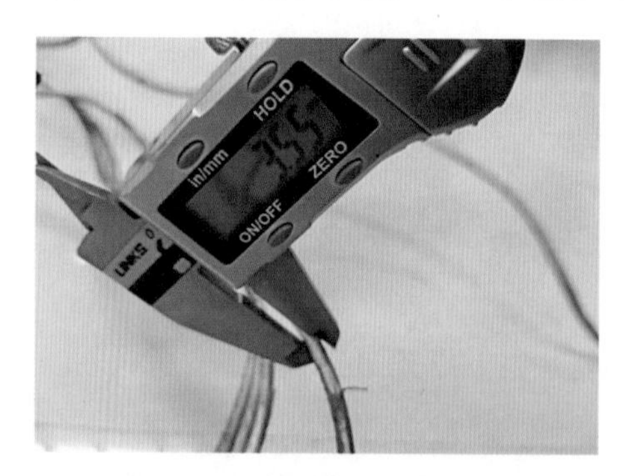

图1–2–6　内层预绞丝线径测量

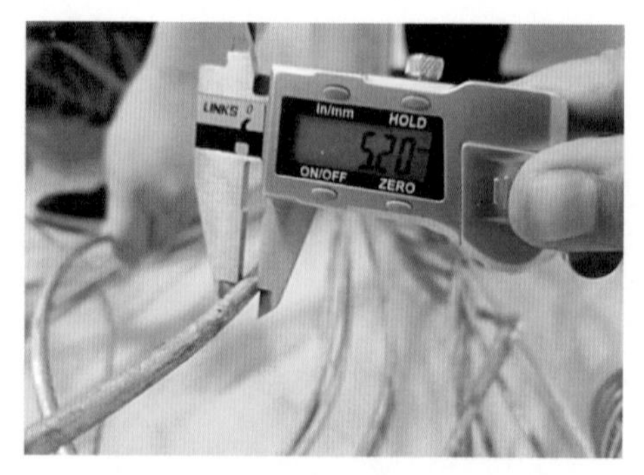

图1–2–7　外层预绞丝线径测量

OBN1-BG-21预绞丝金具设计内层预绞丝直线长度2300mm，外层预绞丝直线段长度3500mm。由于失效样品已经变形弯曲，只能用软尺沿绞制曲线方向测量。通过软尺沿绞制曲线方向测得标准备品OBN1-BG-21型光缆单联金具串的内层预绞丝沿绞制曲线全长约为2520mm，外层预绞丝沿绞制曲线全长约为3830mm，分别如图1-2-8、图1-2-9所示。测量失效样品内层预绞丝沿绞制曲线全长约为3020mm，外层预绞丝沿绞制曲线全长约为3740mm，分别如图1-2-10和图1-2-11所示。对比测量结果可见，失效样品外层预绞丝长度基本一致，而内层预绞丝长度与设计原型号长度不一致，可以确定为OPWG-240的内层预绞丝。

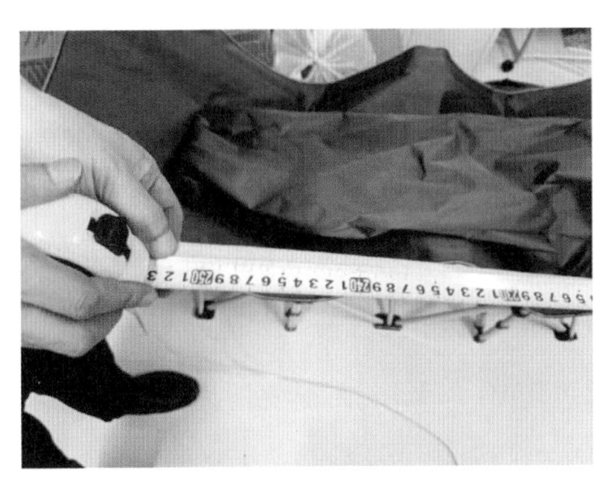

图1-2-8　备品内层绞制方向长度

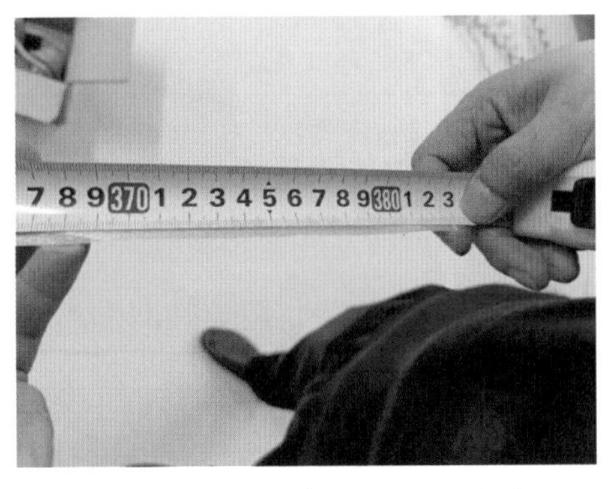

图1-2-9　备品外层绞制方向长度

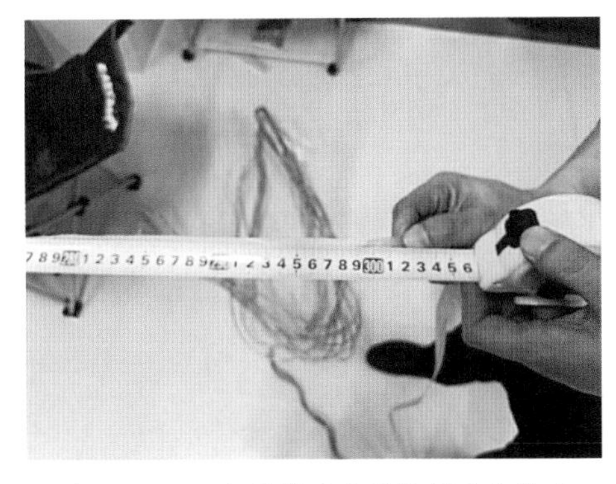

图1-2-10　失效样品内层绞制方向长度

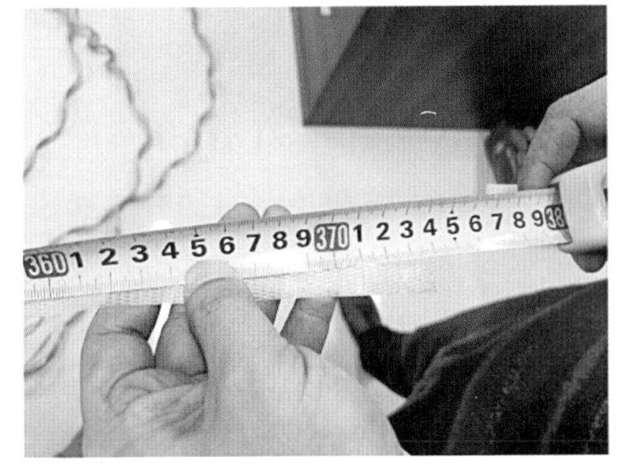

图1-2-11　失效样品外层绞制方向长度

综合对比OPGW-150与OPGW-240的内层预绞丝结构设计参数可以判断，现场安装将OPGW-240的内层18根3.5mm×2700mm预绞丝，卸下两根后形成

16根3.5mm × 2700mm预绞丝，安装在OPGW-150光缆上。

内外层预绞丝均为铝包钢线，选取失效样品的预绞丝做单丝拉伸力学试验，性能参数见表1-2-3，结果表明各单丝的性能满足规范要求。

表1-2-3　　铝股及钢芯单丝力学性能参数

试样名称	截面直径（mm）	伸长率（%）	最大力（kN）	抗拉强度（MPa）
内层预绞丝1	3.55	2.0	12.744	1287.5
内层预绞丝2	3.51	2.1	12.567	1298.8
内层预绞丝3	3.52	2.1	12.692	1304.2
外层预绞丝1	5.20	2.2	28.664	1349.7
外层预绞丝2	5.21	2.1	28.960	1358.4
外层预绞丝3	5.22	2.2	29.525	1379.6

为模拟现场错误绞制情况，对试样进行模拟现场安装，形成一端为正常OPGW150内外层绞制预绞式线夹，另一端为内层16股OPGW240+外层14股OPGW150外层预绞丝的错误绞制预绞式线夹的卧拉试件。绞制过程中发现，正常绞制端均在层间形成良好的握力，手工用力无法造成绞层间相对位移。而错误绞制端安装内层预绞丝后，光缆与内层预绞丝存在明显间隙，两层间可以用手轻易转动，如图1-2-12所示。进一步安装外层预绞丝后，由于有外层预绞丝的预紧力作用，内层预绞丝将受到法向压力，形成与OPGW光缆表面的接触从而提供摩擦力，层间开始产生握力。

试样绞制完成后，对其开展整体卧拉试验，如图1-2-13所示。为检测不同荷载水平下预绞式耐张线夹的滑移特性，加载方式采用先以0.5kN/s的速度分两级至加载20kN，级间荷载90s，此后按0.5kN/s的速度每级5kN，级间荷载90s，逐级加载至线夹破坏荷载，记录其变形过程。卧拉试验荷载位移曲线如图1-2-14所示，该错配预绞丝破坏载荷为207kN，低于设计要求的210kN。试验过程中发现，从30kN开始，每级加载均形成了小的平台段，这表明在保持荷载状态下位移不断发展，即产生了滑移，且随着荷载水平的增大，后期台

(a) 安装时初始相对位置

(b) 预绞丝转动后位置改变

图 1-2-12 内层预绞丝与 OPGW 层间可以用手轻易转动

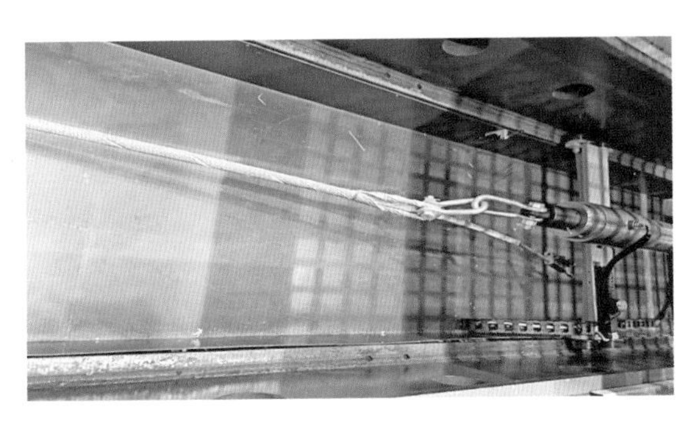

图 1-2-13 卧拉试验

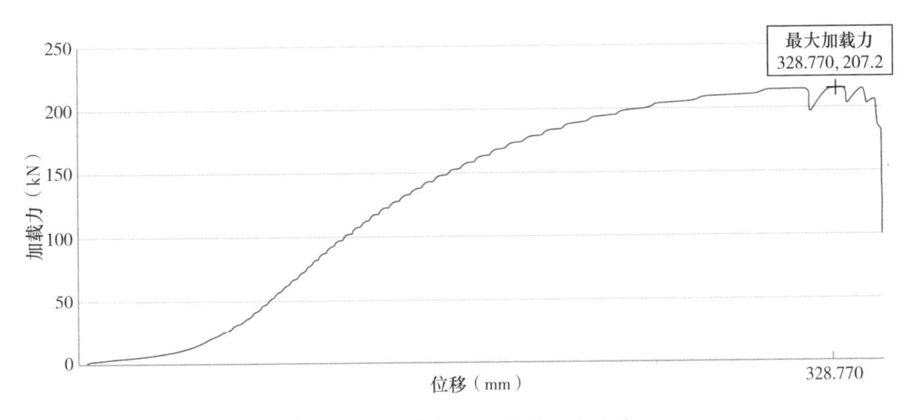

图 1-2-14 卧拉试验荷载位移曲线

阶长度不断增长，不满足DL/T 763—2013《架空线路用预绞式金具技术条件》的要求（握力达到OPGW强度的95%RTS/165.5kN不发生滑移）。

根据设计单位提供的光缆设计平均运行张力31.4kN，20mm设计覆冰下最大张力50.8kN，当荷载达到30kN附近，荷载90s即出现了较小的滑移段。以上情况说明预绞式耐张线夹发生错误绞制时，即使仅作用平均运行张力，都将随时间的推移而产生滑移。

由于1862号杆塔小号侧内层预绞丝实际安装为16根3.5mm铝包钢绞线，与设计的17根3.0mm铝包钢绞线不符，导致内层预绞丝与OPGW间握力不足。该预绞式耐张线夹在运行荷载作用下，期间覆冰融冰反复循环，持续产生内层预绞丝与OPGW的相对滑动，OPGW向档中滑动过程中，尾部并沟线夹与内层预绞丝接触导致内层预绞丝靠近挂点侧“起灯笼”，进一步滑移导致“起灯笼”位置与外层预绞丝接触，导致外侧预绞丝受剪后散股，进而发生外层预绞丝脱落，OPGW张力释放滑入档中多于1m，造成该档应力水平降低，因尾部接地线与OPGW引下线与塔材的缠绕锚固，该光缆预绞式线夹失效后不致掉落地面。

1862号极Ⅰ光缆小号侧耐张线夹内层预绞丝实际安装与设计不符，导致预绞丝与OPGW间握着性能不符合标准要求，导致内层预绞丝与OPGW预绞丝相对滑移，最后造成线夹失效。

1.2.5 监督意见及要求

（1）制订新建线路设计，验收正、负面清单，明确验收标准，严格落实新建线路各环节验收，及时督促施工单位完成消缺，力争实现线路“零缺陷”投运。

（2）对接施工单位，对雅湖线进行逐基登塔检查，确保线路隐患全发现。

1.3 500kV复艾Ⅰ线（现益艾Ⅰ线）复合绝缘子掉串分析

- 监督专业：输电线路
- 设备类别：绝缘子
- 发现环节：运维检修
- 问题来源：安装调试

1.3.1 监督依据

国家电网设备〔2018〕979号《国家电网有限公司关于印发十八项电网重大反事故措施（修订版）》

1.3.2 违反条款

依据国家电网设备〔2018〕979号《国家电网有限公司关于印发十八项电网重大反事故措施（修订版）》6.3.2.5规定，复合绝缘子应按照DL/T 1000.3《标称电压高于1000V架空线路用绝缘子使用导则　第3部分：交流系统用棒形悬式复合绝缘子》及DL/T 1000.4《标称电压高于1000V架空线路绝缘子使用导则　第4部分：直流系统用棒形悬式复合绝缘子》规定的项目及周期开展抽检试验，且增加芯棒耐应力腐蚀试验。

1.3.3 案例简介

2018年10月30日，某输电检修公司检修人员巡视设备时发现，500kV复艾Ⅰ线012号右相（A相）V形绝缘子串右串复合绝缘子断串，现场未造成线路跳闸。500kV复艾Ⅰ线（现益艾Ⅰ线）于2006年11月11日投运。

1.3.4 案例分析

500kV复艾Ⅰ线012号断串复合绝缘子，投运年份为2006年，运行环境为d级污区。复合绝缘子型号为FXBW4-500/400A，绝缘子结构距离为

4040mm，绝缘距离为3960mm，最小公称爬电距离为12500mm。试品为A相断串和未断串2支绝缘子，将A相断串绝缘子命名为1号试品，另一支命名为2号试品。国网湖南省电力有限公司电力科学研究院（简称湖南电科院）11月5日收到样品后即对1、2号试品开展了外观检查、憎水性测试及盐灰密测试。由湖南电科院开展剖检、直流电阻测量及红外成像测试。

（1）外观检查。2支试品伞裙均粉化严重，护套及上表面部分区域因老化和积污变黑，如图1-3-1所示，伞裙较硬，伞裙对折未破损。1号试品高压端至断口往上约30cm处护套有明显电蚀坑，电蚀损由高压端往上逐渐减轻，如图1-3-1和图1-3-2所示。2号试品端部未发现电蚀现象，如图1-3-3所示。

图1-3-1　表面老化情况

图1-3-2　端部电蚀

图1-3-3　同批次产品端部

1号试品断口不平整，芯棒玻璃纤维之间已松散，玻璃纤维与环氧树脂基体分离，部分玻璃纤维因电蚀而变黑，断口处护套厚度约6mm，如图1-3-4～图1-3-6所示。

（2）憎水性测试。经现场测试，1号试品憎水性为HC4级，如图1-3-7所示，同厂家同批次产品在2013年复合绝缘子抽检试验中憎水性为HC4级。

（3）盐灰密测试。对2号试品按照标准要求取样和测试，现场污秽度测试结果见表1-3-1。

图1-3-4 下段断口

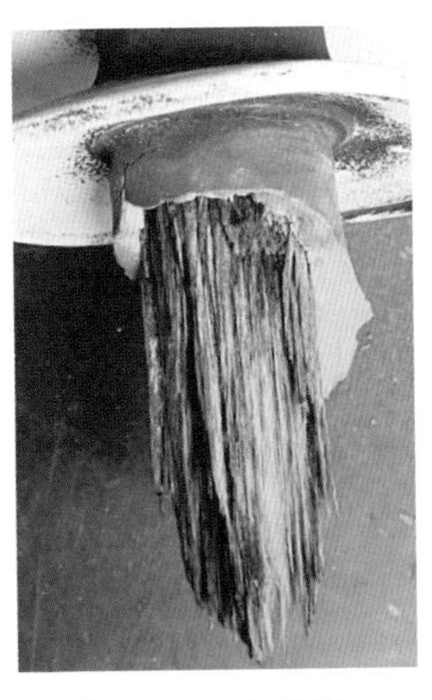

图1-3-5 上段断口

图1-3-6 护套厚度测试

图1-3-7 憎水性测试

表1-3-1 现场污秽度测试

序号	等值盐密（mg/cm^2）	灰密（mg/cm^2）	对应污秽等级
1	0.033	3.967	c
2	0.024	3.725	c
3	0.025	3.835	c

（4）剖检。选取1号试品等间隔抽取若干位置进行剖检，如图1-3-8所示。为便于分析和对比，每处沿芯棒圆周方向剖检四处（沿圆周每转动90°进行一次剖检），每个剖检单元（图1-3-8中对应编号1、2、3、4、5，其中1号为近断口处，5号为近低压端）含有两个大伞和两个小伞，相邻两个剖检单

元间含有四个大伞和四个小伞。

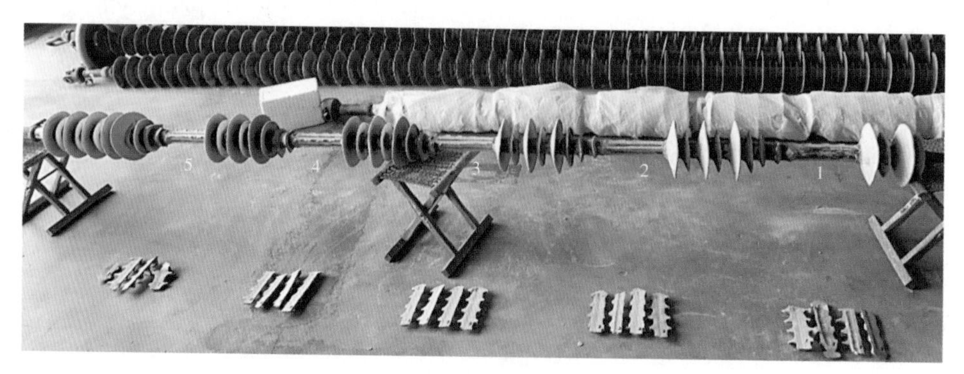

图1-3-8　故障复合绝缘子剖检位置

经剖检发现，自断口位置的劣化通道向低压端发展。1号位的芯体有碳化现象，芯体发黑，沿圆周方向有近三面（270°）黏接弱，1号位存在多起护套异常现象，如图1-3-9所示，部分裂纹处硬化，触摸后可剥离出细小颗粒物；2号位的芯体也发生了劣化，整体呈黄褐色，局部发黑，沿圆周方向有近两面（180°）黏接弱；3~5号位的芯体均呈青绿色，为芯体原色，黏接力强。

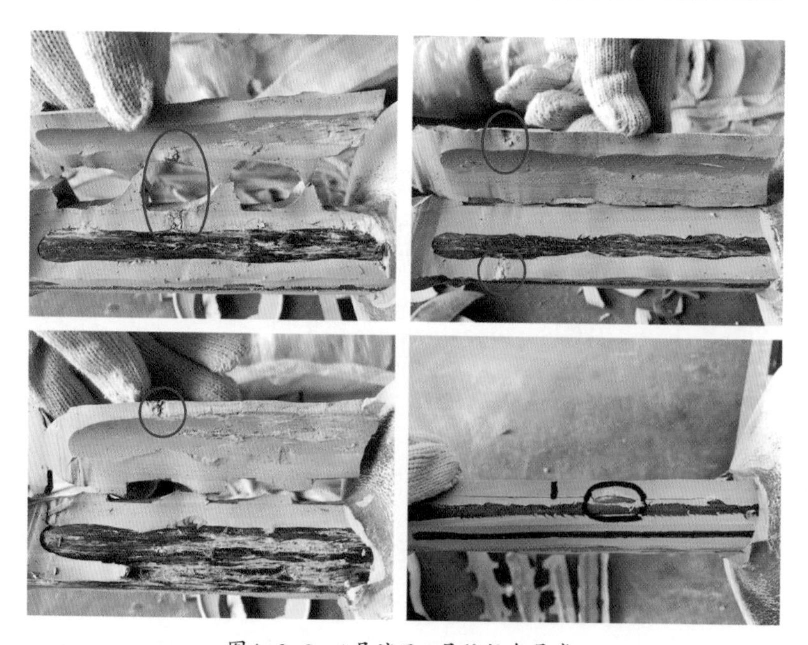

图1-3-9　1号试品1号位护套异常

为了检查掉串复合绝缘子是否由于配方、工艺等不成熟导致普遍存在芯棒老化的现象，选取同批次完好2号复合绝缘子进行剖检，如图1-3-10和图1-3-11所示。剖检发现同批完好复合绝缘子的芯棒无明显的界面及树脂的老化现象。

图1-3-10　2号绝缘子剖检位置

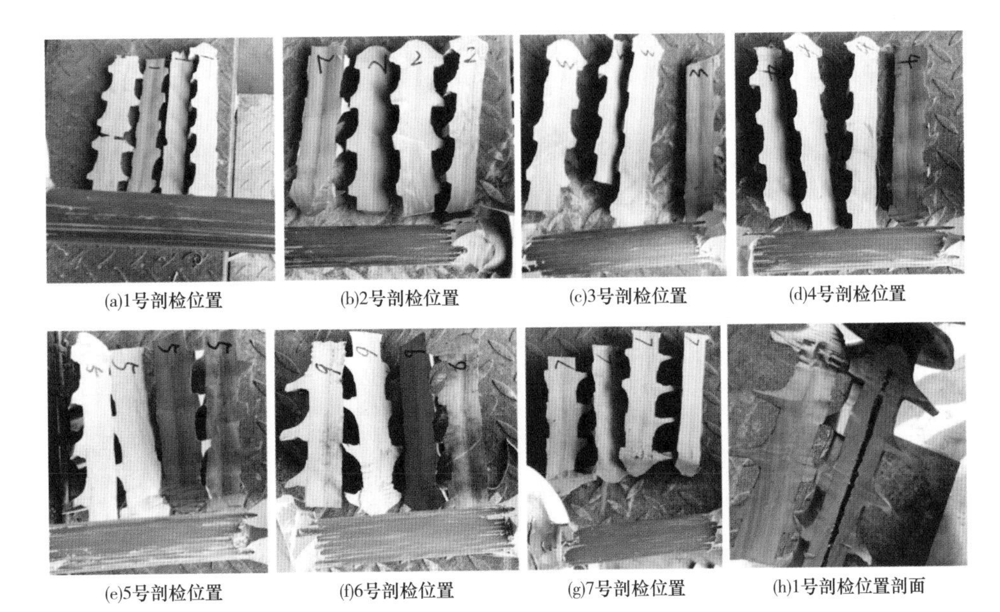

(a)1号剖检位置　(b)2号剖检位置　(c)3号剖检位置　(d)4号剖检位置

(e)5号剖检位置　(f)6号剖检位置　(g)7号剖检位置　(h)1号剖检位置剖面

图1-3-11　2号绝缘子剖检图

（5）直流电阻测量。对1号试品断口至不同剖检位置处的芯体电阻采用绝缘电阻表（电压2500V）进行测量。测量过程中发现，即使是断口至最近的1号剖检位置处，其绝缘电阻也已超过绝缘电阻表量程（2500MΩ）。因此，后续将对芯体进行截断取样，采用三电极法测量电阻。但从阻值测量情况来看，尽管芯体已经劣化，但还不至于引发电气故障。

（6）红外成像测试。为确定复合绝缘子是否存在界面黏接问题，对2号试品开展工频下红外热成像试验。为确保界面黏接缺陷可产生有效的放电热点，将产品分为四段，每段分别加压180kV且持续3h。从工频下红外热成像试验结果来看，加载过程中除了在两端接线处出现了明显的发热现象，其余位置处并未发现局部热点，2号试品第一段工频红外温升试验（高压端）如图1-3-12所示。从试验结果可推断，同批次该支复合绝缘子并未出现界面缺陷引发的热点问题。

该次故障绝缘子符合酥朽断裂特征，其原因是复合绝缘子在表面较大的泄漏电流长期作用下，硅橡胶护套被电蚀，使得护套与芯棒界面产生缺陷，缺陷发展导致芯棒环氧树脂基体电蚀，外界酸性介质和机械应力长期作用导致芯棒玻璃纤维应力腐蚀断裂，最终发生芯棒酥朽断裂。

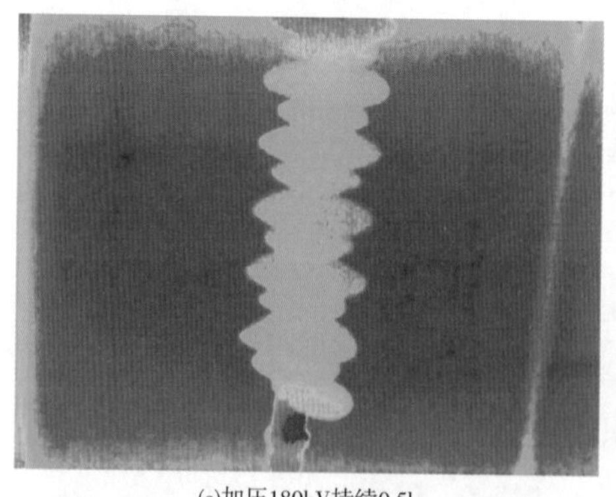

(a)加压180kV持续0.5h

(b)加压180kV持续1.0h

图1-3-12　2号试品第一段工频红外温升试验（高压端）（一）

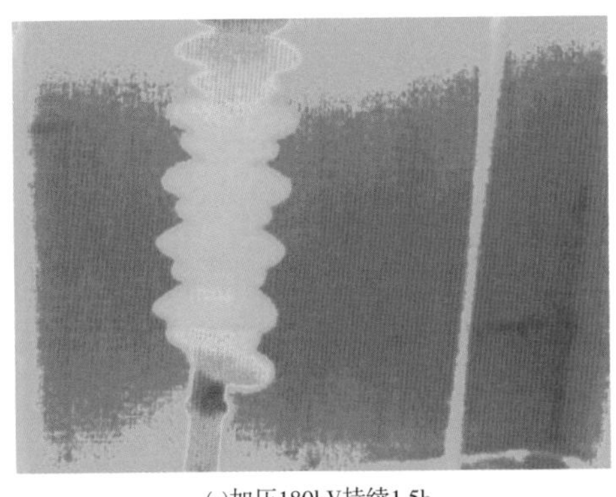

(c)加压180kV持续1.5h

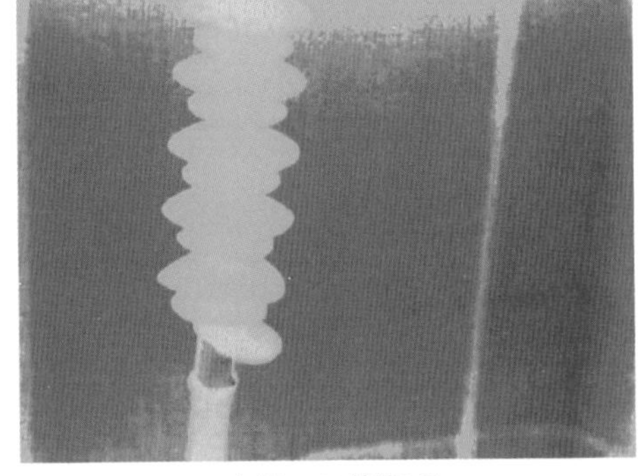

(d)加压180kV持续2.0h

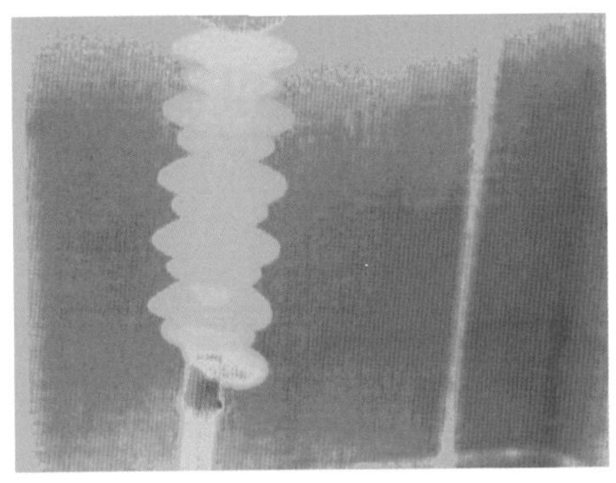

(e)加压180kV持续2.5h

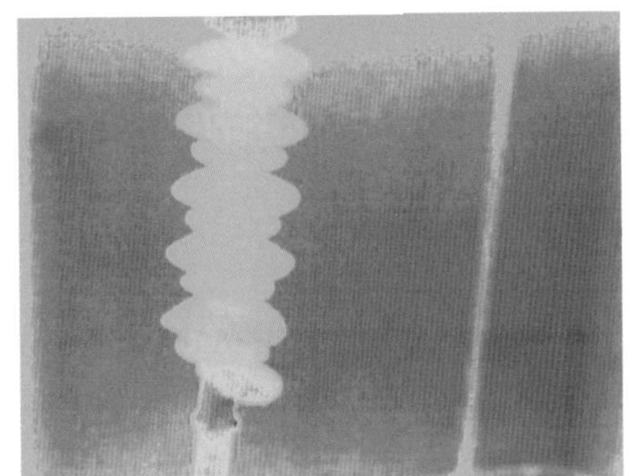

(f)加压180kV持续3.0h

图1-3-12 2号试品第一段工频红外温升试验（高压端）（二）

1.3.5 监督意见及要求

（1）对运行10年以上的复合绝缘子，应加强红外和紫外带电检测工作，同时可结合无人机空中巡检的优势，携载红外吊舱对老旧复合绝缘子进行逐支排查，对检测异常的应尽早更换。

（2）对完成第1周期检测的运行绝缘子，应视首次抽检结果并结合日常巡视情况加强二次送检工作。

（3）对表面粉化或未粉化但运行满12年的复合绝缘子应及时更换。

1.4 220kV线路架空地线U形挂环电烧伤断裂分析

- 监督专业：输电线路
- 设备类别：金具
- 发现环节：运维检修
- 问题来源：安装调试

1.4.1 监督依据

国家电网设备〔2018〕979号《国家电网公司十八项电网重大反事故措施（修订版）》

1.4.2 违反条款

依据国家电网设备〔2018〕979号《国家电网公司十八项电网重大反事故措施（修订版）》14.2.4规定，加强避雷线运行维护工作，定期打开部分线夹检查，保证避雷线与杆塔接地点可靠连接。

1.4.3 案例简介

2020年2月4日21时30分，某供电公司220kV某线路保护动作跳闸，B相故障，重合闸未投。运维单位立即组织开展故障巡视，巡视至220kV某变电站附近时，发现220kV某线路左侧架空地线脱落挂在071号塔（终端塔）—门架导线上，架空地线钢锚垂落站外地面，如图1-4-1所示，钢锚与金具连接处严重灼伤，灼伤处截面积约减少至原截面积的10%。对杆塔上与钢锚连接的U形挂环进行检查，U形挂环同样严重灼伤且已断裂，如图1-4-2和图1-4-3所示。检查变电站门架，发现变电站接地网通过门架与架空地线直接连通。

巡视人员在现场发现，在有高铁经过该变电站附近时，该线路071号塔上右侧架空地线金具连接处出现肉眼可见亮点，高铁驶远后亮点消失，如图1-4-4所示。

2月5日，某供电公司对220kV某线路进行故障抢修，对U形挂环和钢锚进行更换、恢复架空地线，并对某线路071号塔两侧架空地线加装了4根接地分流线，抢修汇报竣工后该线路送电正常。

图1-4-1 架空地线脱落

图1-4-2 架空地线钢锚

图1-4-3 架空地线U形挂环

图1-4-4 右侧架空地线发热情况

1.4.4 案例分析

（1）架空地线电流分析。高铁动力装置通过牵引变压器—接触网—受电弓—钢轨回路—回流线形成的电流通路进行取能。在钢轨两侧分段设有专用回流线，使高铁牵引系统回流尽可能通过回流线流向牵引变电站地网。即从牵引变电站变压器向接触网送出的电流，沿接触网导线传输到电力机车后流入钢轨，流经钢轨的电流一部分经回流线返回牵引变电站地网，另一部分经钢轨及其周围的土壤构成回路返回牵引变电站地网，如图1-4-5所示。

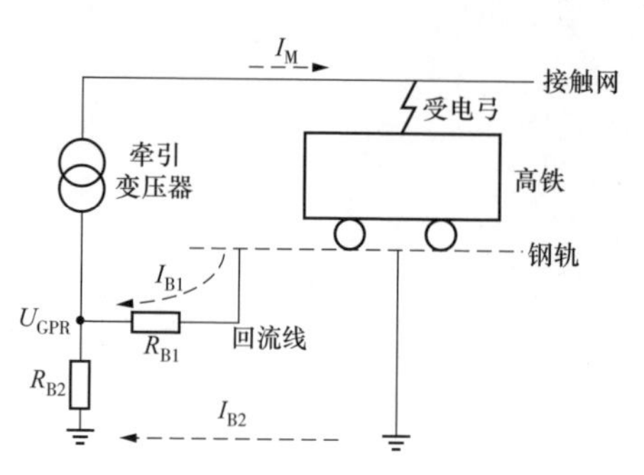

图1-4-5　高铁牵引系统供电回路示意图

I_M—牵引变压器输出电流；I_{B1}—沿回流线回流；I_{B2}—沿钢轨及周围土壤回流；R_{B1}—回流线等效电阻；R_{B2}—牵引变电站地网电阻；U_{GPR}—地网电位

负荷电流通过钢轨和大地系统流入变压器低电位侧，受牵引变电站地网电阻影响，牵引变电站地网及附近地电位随之升高，与变电站附近杆塔接地处的“零电位”之间形成电位差，而某变电站内接地网通过门架与架空地线直接连通，因此形成了牵引变电站地网—架空地线—杆塔—大地等效回路，在该回路上产生回路电流，如图1-4-6所示。

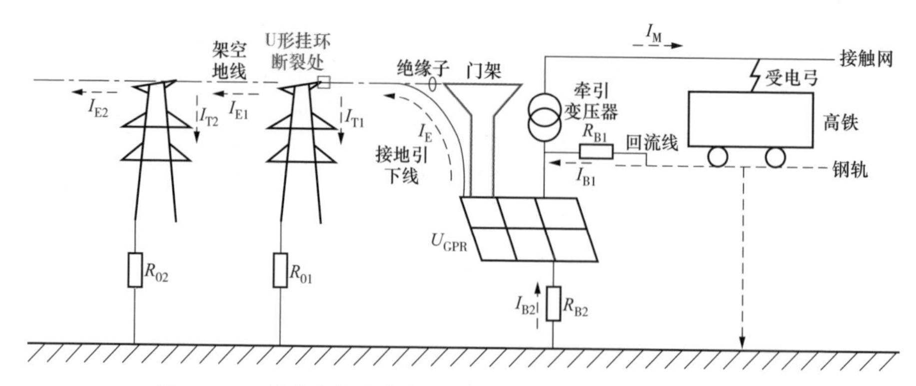

图1-4-6　牵引变电站地电位抬升导致架空地线产生回路电流

I_E—架空地线接地引下线电流；I_{T1}—沿终端塔（071号）流入大地电流；I_{E1}—终端塔小号侧架空地线电流；I_{T2}—沿070号塔流入大地电流；I_{E2}—070号塔小号侧架空地线电流

架空地线在牵引变电站门架上通过接地引下线与站内接地网相连，一是可以通过架空地线及杆塔系统降低牵引变电站接地电阻；二是站内发生接地短路时，可利用架空地线进行故障电流分流，使经接地网入地的电流减少，降低故障时接地网的地电位抬升。根据牵引变电站提供的数据，附近不通过高铁时该架空地线接地引下线电流约为70A，当有高铁通过时地电位抬升，电流迅速增大，原因为钢轨回流线异常，回流线等效电阻R_{B1}增大，导致高铁由土壤至牵引变电站地网的回流增大，地网地电位抬升增加，引起通过架空地线的电流增大。

采用ATP-EMTP电磁暂态仿真软件对该电流在架空输电线路的分布情况进行仿真，结果显示通过各架空线路杆塔的对地分流，架空地线上的电流迅速衰减，有50%的电流经首基杆塔流入大地，经过3基塔后电流衰减至18%，经数基杆塔接地分流后，到达对侧变电站的电流小于牵引变电站门架引下线处电流的10%。表明受高铁牵引系统回流影响最大的是与其直接相连的首基杆塔及附近的架空地线。

（2）U形挂环断裂分析。根据架空地线电流分析可知，架空地线上通过有较大电流，因此处杆塔与架空地线间未安装接地引流线，电流只能从连接金具通过。而连接金具非固定连接，接触面有较大电阻，造成接触处发热集中。巡视人员发现在同基杆塔右侧架空地线金具连接处有发热烧红现象，且左侧断裂的U形挂环、钢锚接触处有高温变色，可判断U形挂环、钢锚在断开前也同样有过热现象。根据金属的物理特性，发热温度在800℃以上。当金属材料在高温环境下，其强度大幅下降，受力和摩擦时产生变形和磨损，受损处的应力集中又造成变形损伤进一步加大，在长期的发展和积累下导致连接处损伤、断裂。

（3）故障原因分析结论。该次线路故障的原因是某变压器（用户变压器）将站内地网在门架处与输电线路架空地线连通，铁路牵引供电系统接地电流回流造成站内地网电位升高，与架空地线接地系统形成电位差，在架空地线上形成电流造成金具接触处发热，金具在发热和受拉的双重作用下断裂、架空地线脱落造成线路故障。

1.4.5 监督意见及要求

（1）建议输电线路终端塔处架空地线与变电站接地网通过间隙绝缘子相连，避免直接连接。

（2）建议输电线路杆塔每基加装对架空地线接地引流线，减少雷击或其他异常情况下通过地线金具的电流。

（3）建议缩短牵引变电站附近杆塔的巡视和测温周期。

1.5 110kV变电站420B相电缆头炸裂分析

- 监督专业：电气设备性能
- 设备类别：电力电缆
- 发现环节：运维检修
- 问题来源：设备制造

1.5.1 监督依据

DL/T 413—2006《额定电压35kV（U_m=40.5kV）及以下电力电缆热缩式附件技术条件》

1.5.2 违反条款

依据DL/T 413—2006《额定电压35kV（U_m=40.5kV）及以下电力电缆热缩式附件技术条件》5.2.1.4规定，热缩终端各部件搭接部位必须有良好的堵漏、防潮密封措施。

1.5.3 案例简介

110kV某变电站35kV 420电缆为单芯电缆，连接4203、4205隔离开关，型号为YJV22-1×300，2015年1月投运。炸裂的电缆终端为冷缩终端。

故障前，110kV某变电站2号主变压器520、420、320断路器均在运行位置，10kV Ⅰ母、Ⅱ母分段运行，35kV Ⅰ母、Ⅱ母并列运行，2号主变压器带35kV Ⅰ母、Ⅱ母全部负荷。故障发生前420断路器运行电流为242A，日常平均运行电流为200A，最高运行电流为313A。

1.5.4 案例分析

（1）设备异常情况。2019年11月29日13时20分15秒，某变电站2号主变压器A、B相差动保护动作跳开520、420、320断路器，同时35kV 408保护装置A相电流速断保护动作出口跳开408断路器。检修人员接到通知后立即赶到现场进行检查处理。抢修人员抵达现场检查后发现2号主变压器420间隔35kV电力电缆B相靠4203隔离开关侧电缆终端存在开裂情况，表层伞裙被破坏。A、C相整体完好。408线路站外1号杆电缆终端A相炸裂，如图1-5-1所示。

图1-5-1 420间隔35kV电力电缆B相靠4203隔离开关侧电缆终端故障情况

（2）现场检查情况。2019年11月27日，变电一次检修一班对故障电缆终端进行检查。其中电缆终端靠电缆侧末端绝缘护套已完全炸开并露出铜屏蔽层，如图1-5-2所示；上部第二、三伞裙处外护套已完全炸开，如图1-5-3所示；第五伞裙两侧分别存在一个肉眼可见护套裂口，如图1-5-4所示。

图1-5-2 电缆终端末端护套炸裂露出铜屏蔽层

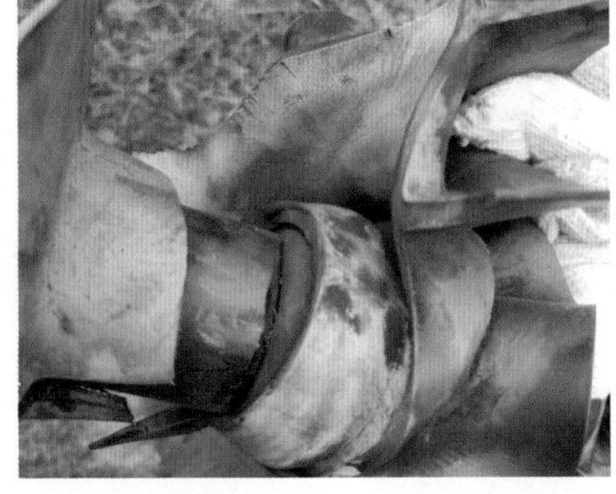

图1-5-3 第二、三伞裙处外护套已完全炸开

图1-5-4 第五伞裙两侧分别存在护套裂口

（3）电缆终端解体检查情况。对电缆终端进行解体检查发现，在半导电层末端5mm处主绝缘层被击穿，击穿点附近半导电层已融化成月牙形，且击穿点附近存在因铜芯熔化后在主绝缘层击穿点附近形成的铜渣及放射性电弧，如图1-5-5所示。半导电层断口处检查发现存在一道划痕，半导电层向下熔化后显示，如图1-5-6所示。进一步解体发现主绝缘层表面已完全烧黑，如图1-5-7所示。划开密封管发现主绝缘层末端的铅笔头处很不平整，如图1-5-8所示，且未按要求使用填充胶，导致密封管在铅笔头位置内壁也被烧黑，密封管两端未使用密封胶，如图1-5-9所示。对击穿点进行切割解体，发现击穿点内部铜芯熔化1/4，且完全击穿了主绝缘层，如图1-5-10所示。

图1-5-5 击穿点情况

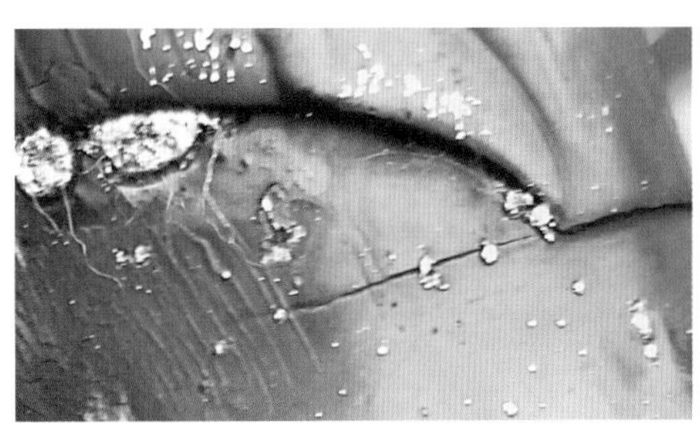

图1-5-6 半导电层断口划痕

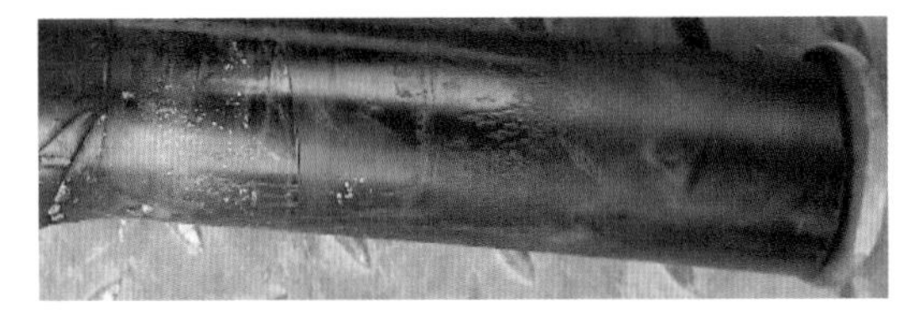

图1-5-7 主绝缘表面情况

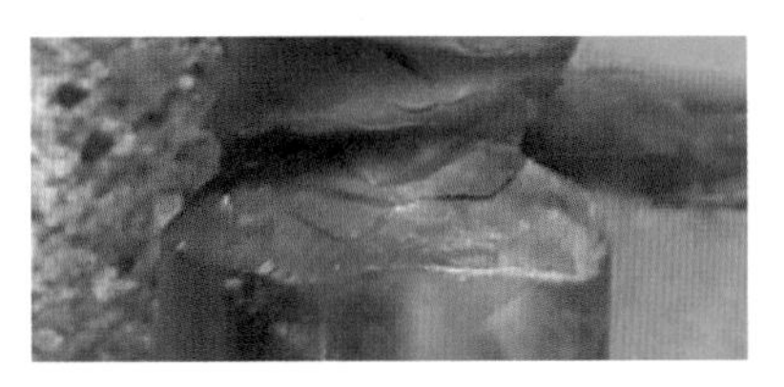

图1-5-8 铅笔头情况

图1-5-9 密封管解体情况

图1-5-10 主绝缘击穿路径

（4）二次设备动作情况。根据二次现场检查情况，将故障发生时的二次设备动作情况时序整理如下：

1）12:20:33：35kV母线接地告警信号发出（408线路A相接地引起）。

2）13:20:15.940：2号主变压器保护启动（A、B套）。

3）13:20:16.012：2号主变压器保护差动动作（A、B套），差动电流：A相2.165A、B相2.304A、C相0.139A。

4）13:20:16：35kV 408瞬时速断保护动作。

5）13:20:16：320断路器由合至分。

6）13:20:16：420断路器由合至分。

7）13:20:16：520断路器由合至分。

8）13:20:16：408断路器由合至分。

9）13:20:19.565：35kV 408断路器重合闸动作。

10）13:20:19：408断路器重合成功。

事故发生前的12时20分，35kV母线接地告警信号发出，根据事后的母线相电压波形图（见图1–5–11、图1–5–12）可以判断为母线A相接地（查明为408线路站外1号杆A相电缆终端接地引起）。因某变电站35kV系统为不接地系统，故非故障的B相电压抬升1.732倍，由正常值21kV抬升至36kV并维持长达1h。较高的电压逐渐降低420 B相电缆终端击穿点处的绝缘性能，最终导致2号主变压器420 B相电缆头炸裂并被击穿，其对地放电导致420电流互感器失电流，进而在保护装置产生了差动电流。由于变压器为Yyd接线，中压侧为星形接线，因此420 B相失电流会在保护装置的A、B相同时产生差动电流；结合保护的故障记录，可以得到2号主变压器的两套保护为正确动作。根据B相差动电流2.304A，折算至一次侧可以得出一次侧电流为2.304 × 1.732 ÷ 0.5（高压侧额定电流）÷ 0.7（中压侧额定电流）× 300（中压

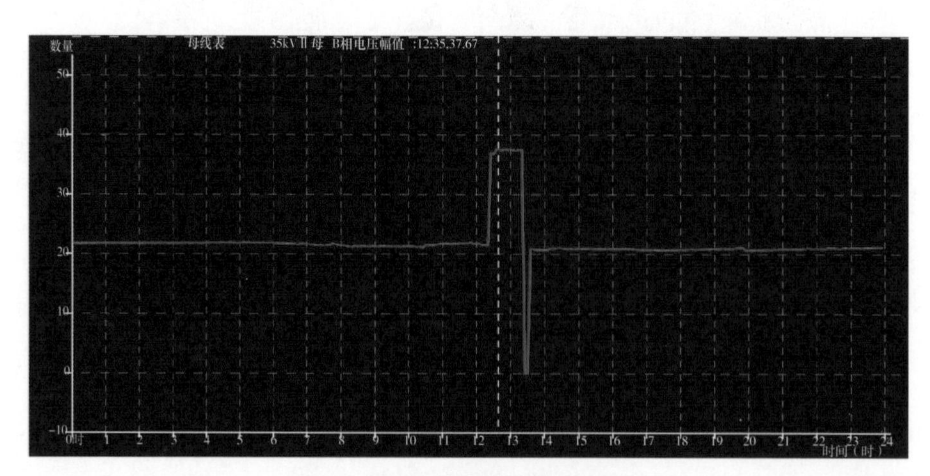

图1–5–11 35kV Ⅱ 母B相电压变化

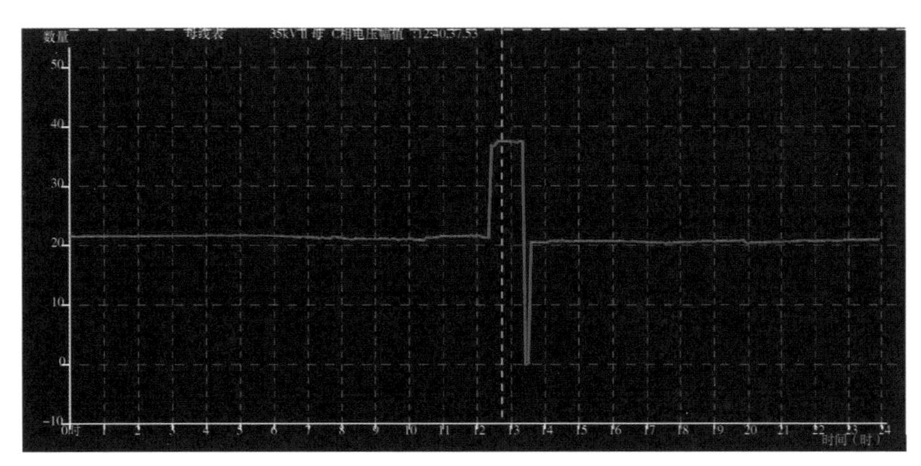

图1-5-12 35kVⅡ母C相电压变化

侧变比）=3400（A）。

综合分析认为，420 B相电缆终端制作工艺不良，其半导电层末端存在主绝缘层被划伤的划痕，而此处为场强较大的位置，是电缆终端的薄弱点之一。因该变电站未安装35kV消弧线圈，故当408线路A相接地后，故障电流无法得到补偿，从而导致接地故障无法消除，引起母线B、C相电压抬升1.732倍，逐步导致420 B相电缆终端半导电层末端附近主绝缘层被击穿，并在击穿通道及附近电缆终端内壁放弧，导致击穿点附近伞裙及电缆终端末端弹性较低的冷缩护管炸裂，主绝缘层被烧黑。击穿同时产生的3400A的大电流导致电缆铜芯熔化并沿着主绝缘层击穿通道流至主绝缘层表面且随着温度降低而形成铜渣。因此，半导电层末端的工艺不良是导致该次事故的直接原因。

其次，该电缆终端还存在主绝缘层末端的铅笔头处不平整，且未按要求使用填充胶，密封管两端未使用密封胶等一些工艺问题。

现场将电缆下放至地面，锯除故障部分，然后重新制作电缆终端，使用热缩电缆终端附件，严格按照工艺流程施工。制作完成后进行1h耐压试验并进行测温检查，试验通过，如图1-5-13、图1-5-14所示。

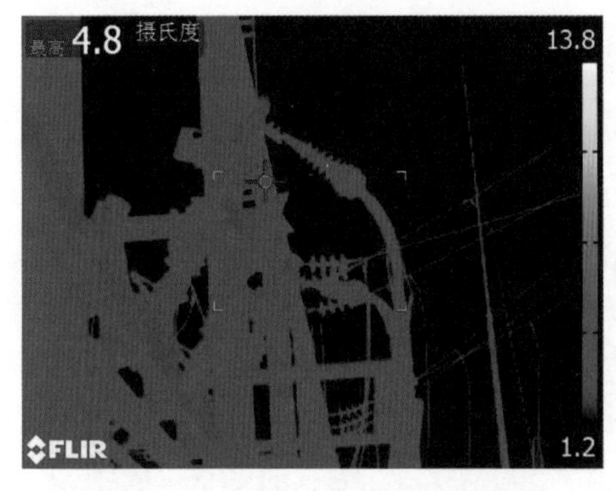

图1-5-13　A、C相电缆耐压测温

图1-5-14　B相电缆耐压测温

1.5.5 监督意见及要求

（1）严格管控热缩电缆头的制作工艺，特别是在35kV电缆头的制作过程中，必须派经验丰富且能胜任的人现场指导，保证无任何操作失误和工艺不良情况发生。由外委单位制作的电缆头，也需要能胜任的专人到现场进行把关，避免不合格电缆投入运行。电缆终端制作完成后，应按要求进行1h耐压试验并进行红外测温，检查电缆终端温度是否异常。

（2）考虑该变电站420间隔使用单芯电力电缆，且电缆终端为外包单位现场制作，工艺质量难以保证，建议安装35kV消弧线圈，有效补偿故障电流，使接地故障迅速消除而不至于引起过电压，防止扩大事故范围。

1.6 110kV线路电缆终端头连接板松动导致连接部位发热分析

- 监督专业：输电线路
- 设备类别：连接金具
- 发现环节：运维检修
- 问题来源：带电检测

1.6.1 监督依据

Q/GDW 1168—2013《输变电设备状态检修试验规程》

DL/T 664—2016《带电设备红外诊断应用规范》

1.6.2 违反条款

依据Q/GDW 1168—2013《输变电设备状态检修试验规程》5.17.1.3规定，对于红外热像检测电缆终端、中间接头、电缆分支处及接地线（如可测），红外热像图显示应无异常温升、温差和/或相对温差。测量和分析方法参考DL/T 664—2016《带电设备红外诊断应用规范》。

1.6.3 案例简介

2017年6月14日，运维人员在对110kV某线路008号杆终端头进行红外测温时发现，B相电缆终端头连接部位有发热现象，热点温度54.7℃，相间温差为30.6℃，达到了严重缺陷程度，现场测温图谱如图1-6-1所示，初步判断发热点为电缆终端头端子与连接板螺栓固定部位。

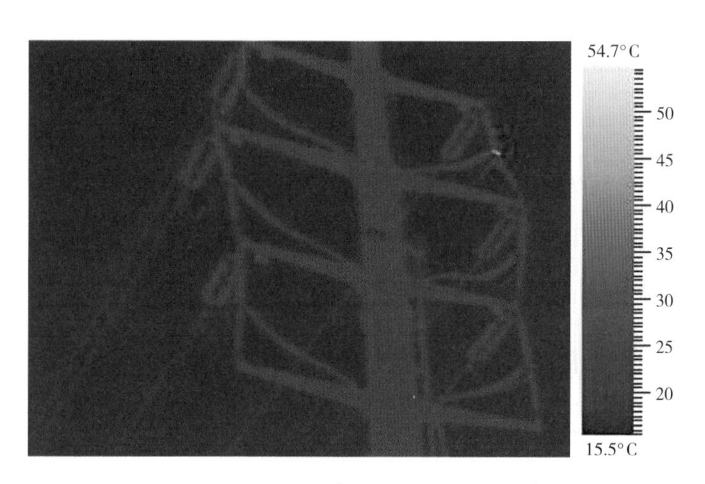

图1-6-1 008号杆电缆终端测温图谱

1.6.4 案例分析

停电对008号杆B相电缆终端头连接部位进行检查，发现电缆终端头引出端子与连接板贴合不紧密，固定的螺栓存在一定程度的锈蚀，且两块板的接触面都附着有一层氧化膜和灰尘的混合物，如图1-6-2、图1-6-3所示。

图1-6-2　008号杆B相电缆终端头连接部位解开前

图1-6-3　008号杆B相电缆终端头连接部位解开后

由此可推断，该处发热的原因如下：

（1）电缆终端头连接部位的螺栓紧固不到位，或螺栓锈蚀、松动，导致电缆终端头引出端子与连接板间有间隙，使终端头与连接板的接触面减小，接触电阻增大。

（2）由于终端头引出端子和连接板之间有间隙，接触部位暴露在空气中发生氧化，形成氧化膜，并附着有灰尘，导致接触电阻进一步增大。

根据以上分析，现场对电缆终端头引出端子和连接板进行了打磨，在接触面上涂导电膏，并更换了固定的螺栓，复电后检测合格。

1.6.5 监督意见及要求

（1）在电缆线路投运前，应重点检查电缆终端头的连接部位，板与板之间、板与跳线端子之间应贴合紧密，连接螺栓应紧固到位。

（2）建议电缆终端头连接板处采用不锈钢螺栓，并用双螺母固定。

1.7 35kV变电站电缆制造工艺不良导致局部放电分析

- 监督专业：电气设备性能
- 设备类别：电力电缆
- 发现环节：运维检修
- 问题来源：设备制造

1.7.1 监督依据

《国家电网公司变电检修通用管理规定　第14分册　电力电缆检修细则》

《国家电网公司变电检测通用管理规定　第14分册　紫外成像检测细则》

1.7.2 违反条款

依据《国家电网公司变电检修通用管理规定　第14分册　电力电缆检修细则》2.1.1d）规定，35kV及以下本体巡视应无异常声响或气味。

依据《国家电网公司变电检测通用管理规定　第14分册　紫外成像检测细则》第4章规定，根据设备外绝缘的结构、当时的气候条件及未来天气变化情况、周边微气候环境，综合判断电晕放电对电气设备的影响。

1.7.3 案例简介

2016年春检期间，运检人员跟踪检测发现110kV某变电站1号主变压器410进线电缆靠断路器侧电缆头处存在明显异常放电声。2016年3月14日，经停电现场重新制作电缆头后，按试验规程对410进线电缆Ⅰ、Ⅱ进行耐压试验时，发现进线电缆Ⅰ靠断路器侧的三相电缆头、进线电缆Ⅱ靠断路器侧的C相电缆头及进线电缆Ⅰ靠变压器侧的A相电缆头存在异常放电声音，但未击穿，现场将1号主变压器处于冷备用状态。结合天气、厂家等诸多情况，于2016年4月18日将制作的电缆热缩型终端头更换为电缆冷缩型终端头，再进行耐压试验，试验通过。投运后运行正常。

2015年春检期间，检修人员发现410进线电缆的电缆头存在异常放电声音，但现场红外测温等检测未发现异常，后与湖南电科院联系，邀请湖南电科院专家携紫外成像检测仪于2015年4月22日进行检测。通过紫外成像检测发现为410电缆靠断路器侧进线电缆Ⅰ的A相与410电缆靠断路器侧进线电缆Ⅱ的B相相间距离过近，外表面存在放电。当时的处理意见为加强后续跟踪，结合停电计划进行处理。

1.7.4 案例分析

（1）异常情况介绍。110kV某变电站1号主变压器410电缆型号为YJV22-3×300，其未解体前靠断路器侧电缆头如图1-7-1所示，其右边电缆为1号主变压器35kV侧进线电缆Ⅰ，左边电缆为35kV侧进线电缆Ⅱ，可发现两电缆间距离较近。2015年4月22日，湖南电科院专家携紫外成像检测仪进行检测，并拍摄紫外检测图，如图1-7-2所示，从图中可看到进线电缆Ⅰ的A相与进线电缆Ⅱ的B相相间距离过近，外表面存在放电情况。

在加强跟踪的过程中，2016年3月发现410电缆靠断路器侧电缆头处异常放电声音比较明显，并且进线电缆Ⅱ B相电缆头有明显灼伤痕迹，于3月14日进行停电，现场解剖重新制作进线电缆Ⅱ电缆头。从现场解剖情况来看，

图1-7-1 1号主变压器410电缆靠断路器侧电缆头

是从外向内灼烧，第一层外护套已明显烧穿数个小洞，第二层护套原表面位置上有过热痕迹、内侧未见异常，第三层的主绝缘表面干净、未见异常，其现场解剖如图1–7–3所示。根据解剖图发现进线电缆Ⅱ B相电缆头第一层外护套有一条明显的折痕，如图1–7–4所示。

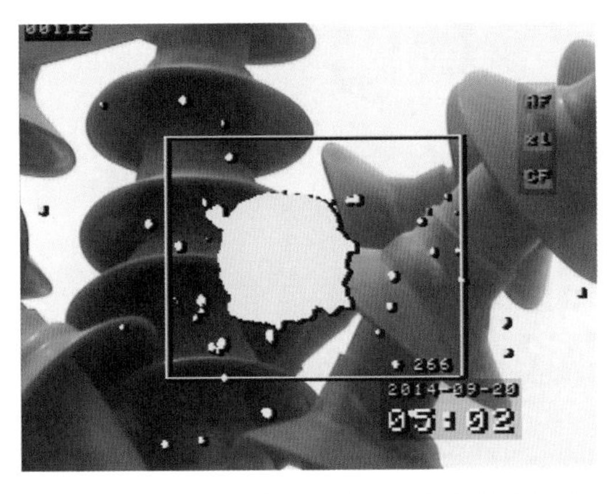

图1–7–2 1号主变压器410电缆靠断路器侧相间放电紫外检测图

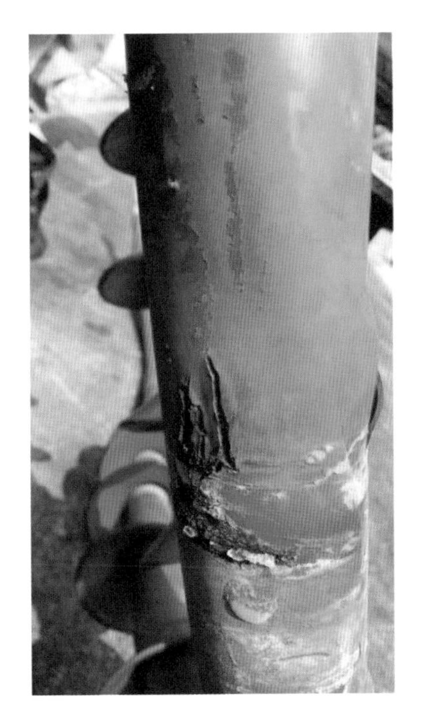

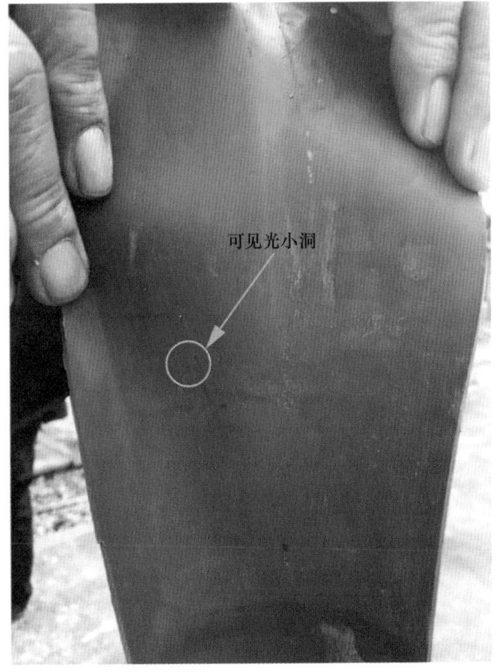

图1–7–3 进线电缆Ⅱ B相电缆头解剖

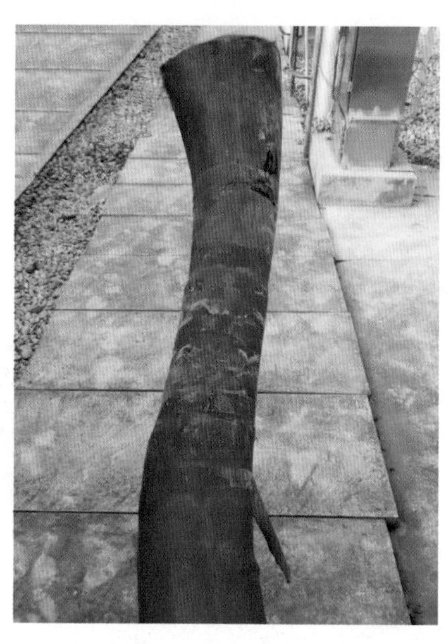

图1-7-4 进线电缆Ⅱ B相电缆头第一层外护套有明显折痕

对进线电缆Ⅱ两侧电缆头进行更换后，按相关试验规程对410进线电缆Ⅰ、Ⅱ（26kV/35kV）进行耐压试验（$2U_o$=52kV），在耐压过程中，当电压升至40kV以上时，发现有5个电缆头处（进线电缆Ⅰ靠断路器侧的三相电缆头、进线电缆Ⅱ靠断路器侧的C相电缆头及进线电缆Ⅰ靠变压器侧的A相电缆头）又出现了异常放电声音，但未见击穿。2016年4月18日，将制作的电缆热缩型终端头更换为电缆冷缩型终端头，再进行耐压试验，试验通过。投运后运行正常。

（2）异常原因分析。从紫外检测图和现场解体情况来看，可以推测其原因有以下两个方面：

1）现场安装方式不合理。110kV某变电站1号主变压器410电缆靠断路器侧进线电缆Ⅰ、Ⅱ安装方式为并排安装、电缆相间存在交叉且伞裙相贴，导致电缆相间场强大，出现相间放电情况。

2）厂家材料及制作工艺不达标。35kV进线电缆Ⅱ B相电缆头第一层外护套存在折痕，加上热缩套制作时受热不均，使得伞裙在浇注时并没有与外护套紧密均匀结合，造成了35kV进线电缆Ⅱ B相电缆头的爬电距离不够（一般发电厂变电站内设备按三级污秽，其爬电比距为2.88cm/kV，计算可得35kV电缆头爬距约为1m，而忽略伞裙增大的爬距，现场测量35kV进线电缆Ⅱ B相电缆头的爬距约为0.9m），使得410电缆靠断路器侧进线电缆Ⅱ B相电缆头处存在沿面放电，导致外护套表面灼伤并存在孔洞。在重新制作电缆头后，将电缆两侧安装方式改为前后布置，在进行电缆耐压试验时，仍然存在放电异常声，说明厂家制作的电缆热缩型终端头工艺不达标。

1.7.5 监督意见及要求

设备厂家对设备质量把关不到位，使得35kV进线电缆Ⅱ B相电缆头第一层外护套出现明显折痕而没有淘汰的情况。

设备制造厂家工艺存在问题，在电缆热缩型终端头制作过程中受热不均，伞裙也没有与外护套紧密均匀结合，造成伞裙起不到增加爬距的作用。

现场安装存在弊端，在410电缆靠断路器侧进线电缆是双电缆的情况下，还将其安装得如此靠近，造成相间场强大，出现放电情况。

建议防范措施如下：

（1）加强电气设备的验收管理，要严格把关，将残次设备拒在电网门外。

（2）严格把关现场施工安装队伍，对不合理的安装方式及时制止。

1.8 35kV电缆金属护层接地方式不正确导致异常发热分析

- 监督专业：电气设备性能
- 设备类别：电力电缆
- 发现环节：运维检修
- 问题来源：工程设计

1.8.1 监督依据

国家电网设备〔2018〕979号《国家电网公司十八项电网重大反事故措施（修订版）》

1.8.2 违反条款

依据国家电网设备〔2018〕979号《国家电网公司十八项电网重大反事故措施（修订版）》6.3.2.1规定，积极应用红外测温技术监测直线接续管、耐张线夹等引流连接金具的发热情况，高温大负荷期间应增加夜巡，发现缺陷及时处理。

1.8.3 案例简介

2016年9月3日，试验人员在110kV某变电站开展全站停电前的带电检测，发现420电缆金属护层接地连接部位发热，流经护层电流接近负荷电流的30%。该电缆为单芯电缆，型号是YJV22–26/35–1 × 300，电缆金属护层接地方式为两端直接接地。将电缆护层改成单端接地后，护层电流减小，发热缺陷消除。

1.8.4 案例分析

（1）红外测温。420电缆靠主变压器侧和靠电流互感器侧的红外热像图谱分别如图1–8–1和图1–8–2所示，靠主变压器侧电缆B相护层接地线连接部位

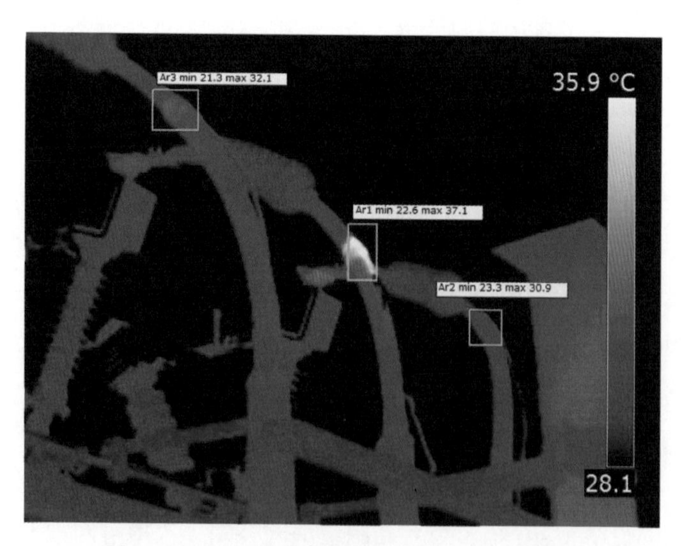

图1–8–1　420电缆靠主变压器侧红外热像图谱

注　环境温度为27℃，相对湿度为67%，负荷电流为129A。

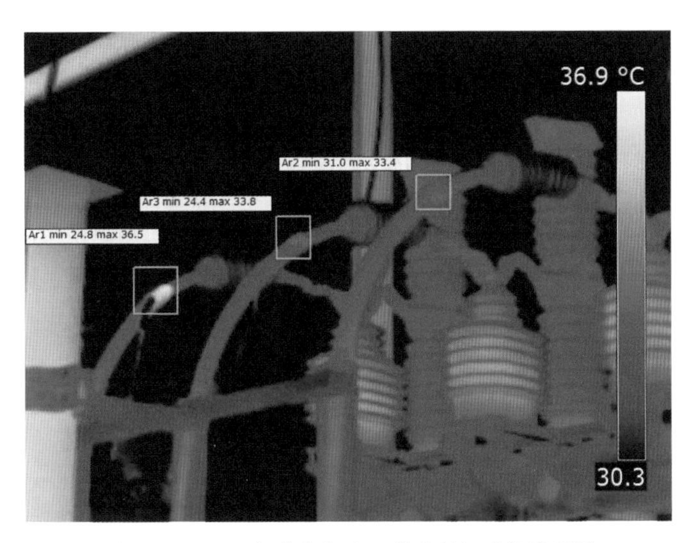

图1-8-2 420电缆靠电流互感器侧红外热像图谱

注 环境温度为27℃，相对湿度为67%，负荷电流为129A。

发热最为明显，最高温度为37.1℃，而A相同一部位最高温度为30.9℃，温差为6.2K；靠电流互感器侧A相护层接地部位最高温度36.5℃，C相最高温度为33.4℃，温差为3.1K。根据DL/T 664—2016《带电设备红外诊断应用规范》，电缆终端以护层接地连接为中心的发热，温差超过5K，即可判断为严重缺陷。

（2）护层接地电流。用钳形电流表测量了电缆护层三相接地电流，测量结果见表1-8-1，流经护层的电流与负荷电流有关，当负荷电流较小时，护层电流也相对较小；负荷电流增大时，护层电流随之增大。A相负荷电流为129.1A时，其护层接地电流为38.0A，接地电流与负荷电流比值达到了29.4%。

表1-8-1 电缆护层接地电流随负荷电流变化情况

测量时间	负荷电流（A）			护层电流（A）		
	A	B	C	A	B	C
9月3日 19:50	129.10	128.46	130.21	38.0	28.6	38.7
9月3日 20:41	112.78	109.03	112.70	30.5	22.4	31.0
9月3日 20:50	107.77	105.64	107.69	27.9	21.3	29.3
9月3日 23:25	76.51	73.99	76.63	20.1	15.2	21.0

（3）原因分析。单芯电缆通入电流时，交变电流产生交变磁场，磁通穿过金属护层，使护层两端产生感应电动势。由于电缆金属护层两端直接接地，与地网构成了闭合回路，在感应电动势的作用下电缆金属护层将会流过很大的电流（大小与负荷电流有关），因此其接触电阻较大部位将会表现出发热的特征。

依据GB 50217—2018《电力工程电缆设计标准》4.1.11规定，交流单芯电力电缆金属套上应至少在一端直接接地，在任一非直接接地端的正常感应电动势最大值应符合下列规定：未采取能有效防止人员任意接触金属套的安全措施时，不得大于50V；除上述情况外，不得大于300V。根据GB 50217—2018《电力工程电缆设计标准》4.1.12规定，交流系统单芯电力电缆金属套接地方式选择应符合下列规定：线路不长，且能满足4.1.11要求时，应采取在线路一端或中央部位单点直接接地；线路较长，单点直接接地方式无法满足4.1.11要求时，水下电缆、35kV及以下电缆或输送容量较小的35kV以上电缆，可采取在线路两端直接接地；除上述情况外的长线路，宜划分适当的单元，且在每个单元内按3个长度尽可能均等区段，应设置绝缘接头或实施电缆金属套的绝缘分隔，以交叉互联接地。为了判断某变电站420电力电缆金属护层所采取的接地方式是否满足GB 50217—2018《电力工程电缆设计标准》的要求，对护层最大正常感应电动势进行了计算。

420单芯电缆是按三相呈直线并列的方式敷设，在电缆金属层上任一点非直接接地处的正常感应电动势，可根据式（1-8-1）计算。

$$E_S = L \times E_{S0} \tag{1-8-1}$$

式中：E_S为感应电动势，V；L为电缆金属层的电气通路上任一部位与其直接接地处的距离，km；E_{S0}为单位长度的正常感应电动势，V/km。

E_{S0}计算公式为

$$E_{S0} = \frac{I}{2}\sqrt{3Y^2 + (X_0 - \frac{a}{2})^2} \tag{1-8-2}$$

$$E_{S0} = IX_0 \tag{1-8-3}$$

式（1–8–2）和式（1–8–3）分别为边相（A相或C相）和中间相（B相）的计算方法，式中相关参数的计算方法见式（1–8–4）~式（1–8–7）。

$$a=(2\omega\ln 2)\times 10^{-4} \tag{1–8–4}$$

$$X_0=(2\omega\ln S/r)\times 10^{-4} \tag{1–8–5}$$

$$Y=X_0+a \tag{1–8–6}$$

$$\omega=2\pi f \tag{1–8–7}$$

式中：I为电缆正常工作电流，A；S为电缆相邻之间的中心距，m；r为电缆金属层的平均半径，m；f为工作频率。

某变电站420电缆长度约为60m，相邻电缆间距离为68cm，电缆外径为63mm，最大负荷电流为789.3A，带入式（1–8–1）~式（1–8–7）求得A相和C相的最大感应电动势为10.5V，B相最大感应电动势为9.14V，均小于50V，根据GB 50217—2018《电力工程电缆设计标准》4.1.11和4.1.12的规定，应采用单端接地的方式。

将电缆靠近电流互感器侧电缆护层接地点解开之后，接地方式由两端直接接地变成单端接地，9月8日红外测温已无发热现象，同时测量了接地侧护层三相电流和解开护层接地端对地的电压，测量结果见表1–8–2。

表1–8–2　420电缆金属护层单端接地后测量数据

<table>
<tr><th rowspan="2">测量时间</th><th colspan="3">负荷电流（A）</th><th colspan="3">单端接地侧护层电流（A）</th></tr>
<tr><th>A</th><th>B</th><th>C</th><th>A</th><th>B</th><th>C</th></tr>
<tr><td rowspan="4">09.08 13:15</td><td rowspan="4">199.22</td><td rowspan="4">196.59</td><td rowspan="4">202.97</td><td>0.57</td><td>1.71</td><td>1.05</td></tr>
<tr><th colspan="3">解开端对地电压（V）</th></tr>
<tr><th>A</th><th>B</th><th>C</th></tr>
<tr><td>1.5</td><td>1.8</td><td>2.1</td></tr>
</table>

电缆金属护层单端接地后，所测得的护层电流实际为单芯电缆对地的电容电流，其数值已非常小，不至于造成电缆护层接地部位发热；解开的接地

端对地电压也很小，不会危及人身和设备的安全。

1.8.5 监督意见及要求

（1）电缆金属护层的接地直接关系着电缆的运行，若接地方式错误，会影响电缆载流量、增加线损，造成发热破坏绝缘，甚至导致电缆烧损。在电缆施工设计阶段，应注重对护层采取合适的接地方式；运行维护阶段需强化带电检测手段的应用。

（2）带电检测是发现设备缺陷的有效手段，在应用时可综合多种带电检测方法联合诊断，提高停电检修的针对性。

1.9 10kV电力电缆终端制作缺陷导致局部放电分析

- 监督专业：电气设备性能
- 设备类别：电力电缆
- 发现环节：运维检修
- 问题来源：设备安装

1.9.1 监督依据

GB 50168—2018《电气装置安装工程电缆线路施工及验收标准》

1.9.2 违反条款

依据GB 50168—2018《电气装置安装工程电缆线路施工及验收标准》7.2.1规定，剥切电缆时不应损伤线芯和保留的绝缘层、半导电屏蔽层，外护套层、金属屏蔽层、铠装层、半导电屏蔽层和绝缘层剥切尺寸应符合产品技术文件要求。附加绝缘的包绕、装配、热缩等应保持清洁。

1.9.3 案例简介

2016年1月7日，在110kV某变电站巡视的时候，发现356电容器间隔室外C相电缆终端热塑套存在缺陷。该电缆为10kV三芯电缆，终端为××公司安装。在现场开展了电缆的诊断试验，解体检查中找到了放电的通道，分析了放电产生的原因，并提出了电缆终端制作的建议。

1.9.4 案例分析

（1）缺陷描述。110kV某变电站356电容器间隔C相电缆终端从下往上数第二伞裙下方热塑套存在破损现象，并且周围伴随有放电的迹象，如图1-9-1所示。

图1-9-1 356电容器间隔C相电缆终端缺陷

1—电缆终端热塑套部分脱落；2—热塑套破损部分存在放电痕迹

（2）停电检查与试验。通过向调度部门申请停电，停电并做好安全措施后开始对356电容器间隔C相电缆进行处理，处理之前开展了诊断性试验，测量了电缆的绝缘电阻并进行了交流耐压试验，试验数据见表1-9-1。

▼ 表1-9-1　　绝缘电阻和交流耐压试验数据

相别	主绝缘电阻（MΩ）		外护套绝缘电阻（MΩ）		试验电压（kV）	耐压时间（min）	结果
	耐压前	耐压后	耐压前	耐压后			
C	580000	550000	1900	1900	17.4	60	通过
使用仪器	BPDY-5型变频谐振试验装置：0704001号 MODEL 3125型数显绝缘电阻表：100037028号						结论 合格
天气：阴；环境温度：8℃；湿度：75%							

根据表1-9-1中的诊断性试验结果可知，C相电缆的主绝缘和外护套绝缘电阻均合格，并且在耐压试验前后，绝缘电阻数值无明显变化；交流耐压试验过程中，被试电缆未发生击穿、未出现放电声响和冒烟等现象，耐压试验顺利通过。绝缘电阻试验和交流耐压试验都未能发现356电容器间隔C相电缆存在缺陷。

随后，检修人员剥掉该电缆终端的热塑套，检查发现电缆主绝缘上布满深浅不一、纵横交错的刀痕，刀痕附近存在不同程度的放电痕迹，如图1-9-2所示。

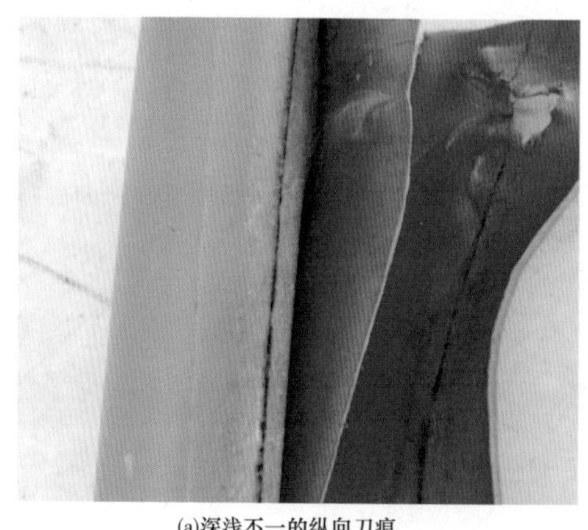

(a)深浅不一的纵向刀痕

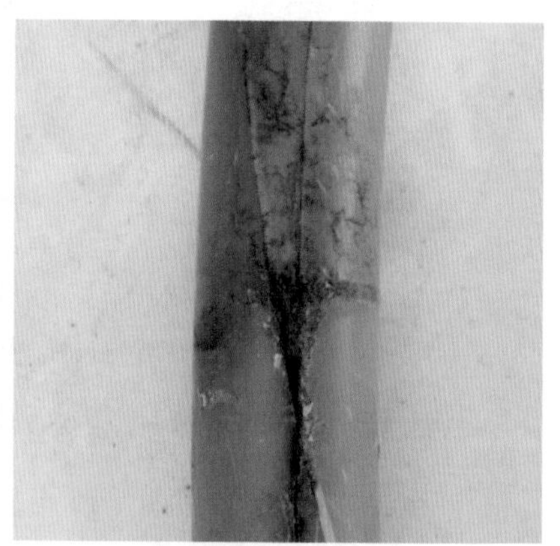

(b)纵横交错的刀痕

图1-9-2　刀痕周围布满放电痕迹的电缆主绝缘

从图1-9-2（a）可以看出，存在两条明显的纵向刀痕，刀痕较深的主绝缘周围放电较为严重，放电通道沿着电缆轴向延伸，检查发现该放电只在纵向刀痕的气隙里面存在，导致纵向刀痕进一步扩大，主绝缘出现开裂变形的现象；而纵向刀痕较浅的绝缘部位未出现明显的放电痕迹。从图1-9-2（b）观察可知，纵向刀痕和横向刀痕交界处的绝缘损坏严重，环切刀痕上端主绝缘内部存在树枝状的放电痕迹，该放电沿着主绝缘内部蔓延，若此电缆继续运行，将导致绝缘发生贯穿性的击穿，因此对绝缘的破坏最为严重。

（3）原因分析。10kV三芯电缆的横向截面结构如图1-9-3所示，其中任意一相的结构从外到内依次是铜屏蔽层、外半导电层、主绝缘、内半导电层和铜芯线。

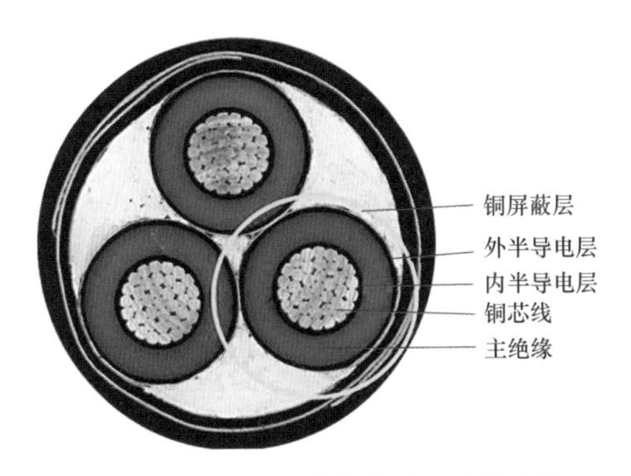

图1-9-3　10kV三芯电缆横向截面结构

电缆的铜屏蔽层是接地的，铜芯线与铜屏蔽层之间形成径向电场分布，如图1-9-4所示。半导电层在电缆中起到屏蔽电场、减少气隙局部放电的作用，能够提高绝缘材料的击穿强度。正常运行的电缆无轴向分布的电场，只有从铜芯线沿半径向铜屏蔽层分布的电场，电场分布均匀，不足以产生损坏绝缘的能量。

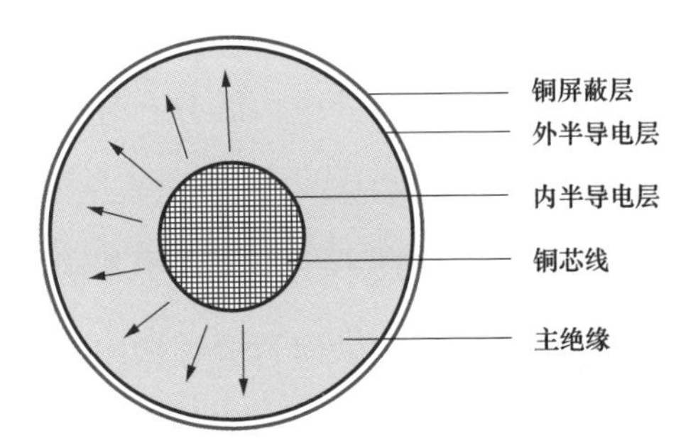

图1-9-4　正常运行电缆的电场分布

在现场制作电缆终端时，将电缆外护层、金属铠装、填充物、铜屏蔽层处理完毕后，需要单独剥离每相电缆的外半导电层。通常做法：首先在外半导电层截断处进行环形切割（沿电缆径向），然后再进行纵向切割（沿电缆轴向），从而可以有效控制半导电层的剥离尺寸，并完成半导电层的整体剥离。但在切割半导电层的过程中，由于半导电层较薄且紧贴主绝缘层，且进刀深度难以掌控，因此环形切割和纵向切割时极易划伤主绝缘，在主绝缘表面分别产生横向刀痕和纵向刀痕。

若刀痕不经打磨或打磨不平整，刀痕缝隙里面留有空气，空气的介电常数接近于1，比固体介质的介电常数小得多，因为电场强度与介电常数成反比，同时气隙的存在又使周围电场畸变，所以在交变电场作用下，刀痕缝隙中的场强比相邻绝缘介质中的场强大得多。气体的耐电强度比固体绝缘低得多，因此在刀痕缝隙中最易产生放电现象。

气隙的放电会导致绝缘物不断分解，产生氢气、氧气、氮气和烃类等气体，新产生的气体使电场进一步畸变，放电将进一步加强。在放电的过程中，会释放大量的能量，促使氧气、氮气等气体发生化学反应，生成具有强氧化性的臭氧和强腐蚀性的硝酸等物质，破坏绝缘。另外，局部放电释放的能量将造成周围温度升高，导致绝缘更加脆弱，从而使绝缘的破损、水汽的窜入、电缆的老化进一步加剧。

下面对纵向刀痕和横向刀痕、深刀痕和浅刀痕的不同特点进一步说明，制作电缆终端时，去除铜屏蔽层后，电缆原来沿径向均匀分布的电场发生改变，将产生轴向电场，铜屏蔽层断口处电力线分布最为集中，一般在铜屏蔽层断口处安装应力管以分散此处的电应力。

在终端制作时，若半导电层处理不当，会对屏蔽层断开处的电场分布产生不利影响，造成局部电应力集中，纵向刀痕和横向刀痕导致的电缆电场分布示意图分别如图1-9-5和图1-9-6所示。

从图1-9-5可知，远离应力锥的气隙电场方向与电缆轴向形成一定的夹

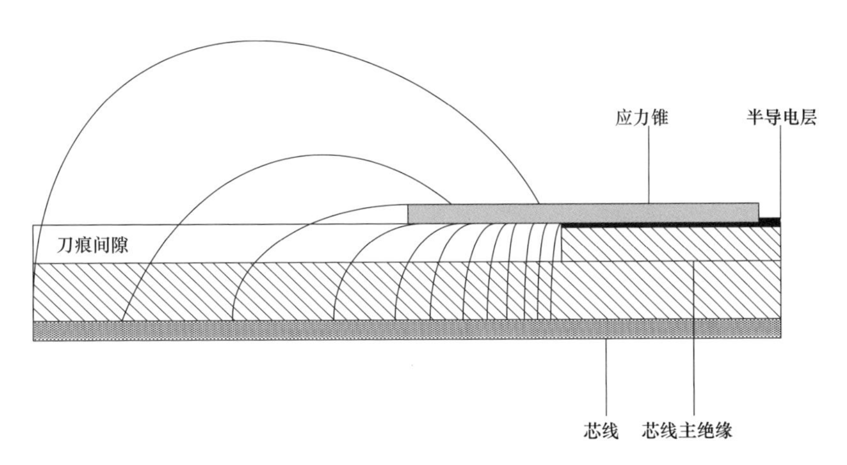

图1-9-5 纵向刀痕电缆电场分布示意图

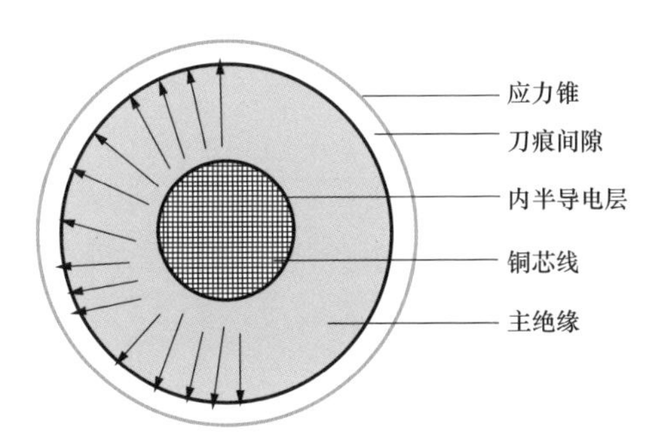

图1-9-6 横向刀痕电缆电场分布示意图

角，主要构成电场轴向分量，该轴向分量电场沿着纵向刀痕分布，使主绝缘的纵向刀痕缝隙构成放电通道。

从图1-9-5和图1-9-6可知，半导电层截断位置的电场基本平行于电缆径向，所以径向的电场比轴向电场强。横向刀痕的存在将使放电主要沿电缆径向通道发展，放电强度比轴向更强烈。另外刀痕深度的增加，会使畸变的电场区域扩大，气隙处发生局部放电可能性增加，因此深刀痕对绝缘的危害比浅刀痕大。

1.9.5 监督意见及要求

（1）对于存在刀痕缺陷的电缆，绝缘电阻测量和交流耐压试验均不能有效检测出刀痕造成的缺陷，因此从电缆终端开始制作时，就应进行监督，严格把关，防止此类缺陷电缆投入电网运行。

（2）去除半导电层时宜用专门的切割工具，切割应平齐成一圆周，切割深度应控制在半导电层厚度的2/3左右，再进行半导电层的剥离，剥离完毕之后应小心刮除残留部分，且不能损伤绝缘。

（3）刀痕较深处放电强度比刀痕浅处放电强度大，横向刀痕处的放电强度比纵向刀痕处大，所以深刀痕和横向刀痕对绝缘的影响程度更加严重，在制作工艺上要特别注意横向刀痕和深刀痕的控制。

2 避雷器技术监督典型案例

2.1 500kV避雷器出厂干燥不彻底导致交接试验不合格分析

- 监督专业：电气设备性能
- 设备类别：避雷器
- 发现环节：设备调试
- 问题来源：设备制造

2.1.1 监督依据

GB 50150—2016《电气装置安装工程电气设备交接试验标准》

2.1.2 违反条款

依据GB 50150—2016《电气装置安装工程电气设备交接试验标准》20.0.5规定，金属氧化物避雷器对应于直流参考电流下的直流参考电压，整支或分节进行的测试值不应低于GB/T 11032《交流无间隙金属氧化物避雷器》的规定值，并应符合产品技术条件的规定。实测值与制造厂实测值比较，其允许偏差应为±5%；0.75倍直流参考电压下的泄漏电流不应大于50μA或符合产品技术条件的规定。

2.1.3 案例简介

2021年8月，试验人员在某500kV新建变电站500kV避雷器试验过程中发现4节避雷器直流1mA下参考电压与厂家出厂试验值偏差超过5%，且0.75倍直流参考电压下泄漏电流超过50μA。8月23日，进行复检，试验数据无变化。

进一步分析所有试验数据发现，另外7支避雷器0.75倍直流参考电压下泄漏电流接近注意值，判断该批次避雷器存在工艺隐患。返厂解体、试验发现，避雷器瓷套泄漏电流较大、干燥工艺不合格。生产厂家将该批次所有避雷器进行了更换，更换后试验数据均合格。

该批次避雷器有2种型号，由3节串联组成，内部均为隔弧筒结构。Y20WZ-420/1046用于500kV主变压器、母线间隔（共3组27节），Y20WZ-444/1106用于线路间隔（共4组36节），均为2021年6月出厂。

2.1.4 案例分析

（1）试验数据分析。异常避雷器的交接试验数据见表2-1-1。由表可看出，共有5节避雷器直流1mA参考电压U_{1mA}不合格、7节0.75U_{1mA}下泄漏电流偏大，占该批次避雷器的19.05%。

表2-1-1 500kV避雷器直流参考电压检测记录

出厂编号	测试部位	直流1mA参考电压U_{1mA}（kV）			0.75U_{1mA}下泄漏电流（μA）
		出厂值	实测值	差值（%）	
202103Y02018	上节	205.4	216.4	5.35	77
202103Y02020	上节	205.2	217.3	5.89	56
202103Y02015	上节	206.4	219.5	6.34	18
202103Y02019	上节	205.4	216.4	5.36	61
202103Y02017	上节	205.6	216.3	5.20	76
	下节	205.4	201.4	-1.95	36
202103Y01881	上节	194.3	199.4	2.62	38
	中节	194.6	195.3	0.36	34
	下节	194.5	195.0	0.26	39
202103Y01880	上节	194.6	203.4	4.52	42
	中节	194.5	195.3	0.41	36
	下节	194.4	195.0	0.31	47

8月23日对进行复检，发现202103Y01880避雷器上、下节的$0.75U_{1mA}$下泄漏电流为44.7μA、64.0μA，试验数据对比呈增大趋势，甚至超标。对所有避雷器交接试验、出厂试验报告数据进行对比分析发现，避雷器上节参考电压实测值均比出厂值高3%～4%，且比中、下两节实测值高10kV左右，而出厂值上、中、下三节避雷器参考电压基本一致。

通过以上分析判断该批次避雷器存在质量问题，主要有以下可能：①避雷器阀片受潮；②避雷器隔弧筒受潮；③避雷器瓷套内壁受潮；④厂家出厂报告存在错误。

（2）解体检查及处理。将4节直流1mA参考电压不合格的避雷器进行返厂解体检查，过程如下：

1）出厂试验原始记录核查：所有避雷器的上节原始记录数据与出厂报告数据存在差异，且与现场交接数据一致。该类型避雷器在设计时考虑上节电场强度高，因此设计上一般要求上节比中、下节直流1mA参考电压高10kV左右。出厂报告数据错误为厂家人员系统录入时未仔细检查。

2）外观检查：避雷器外观良好，无破损，外观无异常。

3）解体前试验：500kV避雷器直流参考电压返厂检测数据见表2-1-2。4节避雷器直流1mA参考电压与现场交接试验数据一致。$0.75U_{1mA}$下泄漏电流虽低于现场交接试验数据，但超过厂家内控25μA的标准，分析可能原因为现场空气湿度、杂散电容较厂家试验室大。

▼ 表2-1-2　500kV避雷器直流参考电压返厂检测数据

出厂编号	测试部位	直流1mA参考电压U_{1mA}（kV）			$0.75U_{1mA}$下泄漏电流（μA）	
		现场值	返厂值	差值（%）	现场值	返厂值
202103Y02017	上节	216.3	215.2	-0.51	76	41
202103Y02018	上节	216.4	213.6	-1.29	77	39
202103Y02019	上节	216.4	213.8	-1.20	61	37
202103Y02020	上节	217.3	213.9	-1.56	56	40

4）解体检查：进行解体检查，避雷器氧化锌阀片、隔弧筒、瓷套、金属法兰等附件外观检查无破损、锈蚀、水渍，如图2-1-1所示。

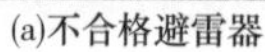
(a)不合格避雷器

(b)解体检查

图2-1-1　不合格避雷器拆解

5）解体后单元件试验：分别对氧化锌阀片、隔弧筒、瓷套施加电压 $0.75U_{1mA}$（160kV），记录泄漏电流。试验过程如图2-1-2所示，试验结果见表2-1-3。

(a)氧化锌阀片测试

(b)隔弧筒测试

(c)瓷套测试

图2-1-2　单元件 $0.75U_{1mA}$ 下泄漏电流测试

▼ 表2-1-3　　单元件 $0.75U_{1mA}$ 下泄漏电流测试数据

出厂编号	直流1mA参考电压 U_{1mA}（kV）	$0.75U_{1mA}$ 下泄漏电流（μA）			
		整体	阀片	隔弧筒	瓷套
202103Y02017	215.2	41	11	0	28
202103Y02018	213.6	39	8	0	26

续表

出厂编号	直流1mA参考电压 U_{1mA}（kV）	$0.75U_{1mA}$下泄漏电流（μA）			
		整体	阀片	隔弧筒	瓷套
202103Y02019	213.8	37	9	0	25
202103Y02020	213.9	40	9	0	26

回溯生产历史，发现瓷套烘干时间不够，潮气在瓷套内壁形成通路，最终导致泄漏电流变大。查找出问题原因后，分析认为该批次避雷器整体生产工艺存在严重问题，已要求厂家对现场63节避雷器全部更换，更换后的避雷器试验合格。

2.1.5 监督意见及要求

（1）加强现场数据与出厂数据对比，及时发现隐患。

（2）加大设备出厂过程监督力度，对出厂过程数据进行抽查，保障设备可靠性。

（3）加大物资抽检力度，对出现抽检不合格产品的同批次设备严格执行全部更换措施，保障设备投运前无安全隐患。

2.2 220kV避雷器因旁母干扰导致阻性电流异常分析

- 监督专业：电气设备性能　　● 设备类别：避雷器
- 发现环节：运维检修　　● 问题来源：工程设计

2.2.1 监督依据

《国家电网公司变电检测管理规定　第16分册　泄漏电流检测细则》

2.2.2 违反条款

依据《国家电网公司变电检测管理规定　第16分册　泄漏电流检测细则》规定，同一产品，在相同的环境条件下，阻性电流与上次或初始值比较应不大于30%，全电流与上次或初始值比较应不大于20%。当阻性电流增加0.3倍时应缩短试验周期并加强监测，增加1倍时应停电检查。

2.2.3 案例简介

2017年1月，进行避雷器带电检测发现，604 B相避雷器全电流及阻性电流较A、C相明显异常，其中B相阻性电流较A、C相明显偏大，全电流较A、C相偏小，且2017年2月进行跟踪测试，数据无明显变化，测量时220kV出线间隔挂旁母运行。为准确客观评估604 B相避雷器运行状况，2017年2月15日对604 B相避雷器进行了停电试验，试验项目包括绝缘电阻、直流泄漏和持续运行电压下的阻性电流及全电流试验，试验数据合格。

结合带电和停电试验数据及现场查勘发现，导致604 B相避雷器全电流及阻性电流数据异常最可能的原因为B相避雷器离C相母线距离较近，导致B相避雷器受到C相母线干扰无法抵消，从而出现阻性电流及全电流“假”异常的现象。

2.2.4 案例分析

（1）带电检测。2017年1、2月604避雷器阻性电流及全电流试验数据见表2-2-1。

表2-2-1　2017年1、2月604避雷器阻性电流及全电流测试试验数据

设备名称/测试时间/相别			电压（kV）	全电流（mA）	阻性电流（mA）	角度（°）	功率消耗（W）
604避雷器	1月	A	131.7	629	58	84.7	5.43
		B	131.6	472	134	83.7	12.64

续表

设备名称/测试时间/相别			电压（kV）	全电流（mA）	阻性电流（mA）	角度（°）	功率消耗（W）
604避雷器	1月	C	131.6	607	52	84.8	4.81
	2月	A	131.6	626	56	84.8	5.42
		B	131.6	474	137	83.5	12.61
		C	131.7	610	54	84.6	4.85
试验仪器：AI-6109型阻性电流测试仪；温湿度：1月为14.5℃/67%，2月为15.5℃/65%							

由以上试验数据可知，1、2月B相避雷器全电流相间最大互差分别为33%、24%，阻性电流相间最大互差分别为157%、154%，数据变化不大。

（2）停电试验。2017年2月15日对604 B相避雷器进行了绝缘电阻及直流泄漏试验，并与历史数据进行了比较，并记录了试验结果。

1）绝缘电阻试验。绝缘电阻试验数据见表2-2-2。

表2-2-2 2016年11月604 B相避雷器绝缘电阻试验数据

设备名称		本次试验值（MΩ）	上次试验值（MΩ）	初值差（%）
604 B相避雷器	上节	46000	48900	-6
	下节	45000	46000	-2.2
试验仪器：KD50A数字绝缘电阻表；温湿度：23.5℃/62%				
结论：合格				

由表2-2-2绝缘电阻试验数据可知，B相避雷器上下节绝缘电阻无明显变化。

2）直流泄漏试验。泄漏电流试验数据见表2-2-3。

表2-2-3 2017年2月避雷器直流U_{1mA}及0.75U_{1mA}下泄漏电流测试试验数据

设备名称		U_{1mA}（kV）			0.75U_{1mA}下泄漏电流（μA）		
604 B相避雷器	上节	本次	上次	初值差（%）	本次	上次	初值差（%）
		154.1	156.2	-1.3	9.9	10.8	-8.3

续表

设备名称		U_{1mA}（kV）			$0.75U_{1mA}$下泄漏电流（μA）		
604 B相避雷器	下节	本次	上次	初值差（%）	本次	上次	初值差（%）
		154.7	156.6	-1	10.4	11	-5.4
试验仪器：ZVI型直流高压发生器；温湿度：18.5℃/62%							
结论：合格							

由表2-2-3数据可知，直流U_{1mA}及0.75 U_{1mA}下泄漏电流较上次试验数据无明显变化。

3）避雷器阻性电流、全电流测量。为了进一步验证B相避雷器性能，分析避雷器在运行时和停电时两种状态下阻性电流及全电流差异，采用外施运行电压的方式，对604三相避雷器进行了阻性电流与全电流测量，并与交接试验数据进行了比较，试验数据见表2-2-4。

表2-2-4　2017年2月604避雷器外施运行电压下阻性电流及全电流测试试验数据

设备名称			电压（kV）	全电流（mA）	阻性电流（mA）	角度（°）	功率消耗（W）
604避雷器	A	本次	131.7	629	79	84.7	4.43
		上次	131.5	625	81	84.5	4.51
	B	本次	131.8	638	82	84.5	4.51
		上次	131.6	636	79	84.3	4.48
	C	本次	131.6	630	80	84.8	4.31
		上次	131.7	635	82	84.5	4.45
试验仪器：AI-6109型阻性电流测试仪、2台100kV试验变压器，温湿度：16.5℃/63%							
结论：合格							
备注：加压采用2台100kV试验变压器串级方式							

由表2-2-4数据可知，A、B、C三相避雷器阻性电流及全电流、角度无明显差异，一致性较好，与交接试验数据比无明显差异。结合停电试验数据可判断B相避雷器无异常、没有受潮或裂化迹象，即B相避雷器阻性电流及全电流是一种“假”异常现象。

正常运行电压下与外施运行电压下测量数据会有一定差异，其原因为避雷器正常运行时三相避雷器之间会有相互耦合，且测试仪器会自动补偿。

（3）异常分析。下面从避雷器现场排列布局和向量分析两方面探讨B相避雷器在运行状态下阻性电流及全电流异常的原因。

1）避雷器排列布局分析。220kV某变电站604间隔线路避雷器排列布局如图2-2-1所示，B、C相避雷器及A相电压互感器为一字排列，A相电压互感器在其避雷器后方；而602、606、608间隔三相避雷器为一字对称排列，A相避雷器前方为电压互感器，B、C相前方为耦合电容器，2016年此三组避雷器阻性电流及全电流测试数据正常。

由图2-2-1可知，仅604避雷器离旁母最近。因A相电压互感器与C相避雷器同样会对B相避雷器产生干扰，假定2个干扰可以相互抵消，则造成604 B相避雷器阻性电流及全电流数据异常的最可能原因为C相旁母产生耦合电流。而602、606、608避雷器离旁母较远，母线干扰不考虑。

图2-2-1 602、604线路避雷现场图

2）向量分析。正常运行时，三相避雷器存在相互干扰，即A—B、B—C间，因A、C距离较远一般不考虑。如果避雷器为一字对称排列或离非同相母线较远，因为A、C相避雷器对B相避雷器的干扰可近似相互抵消，所以B相避雷器可不考虑干扰问题，如图2-2-2所示。

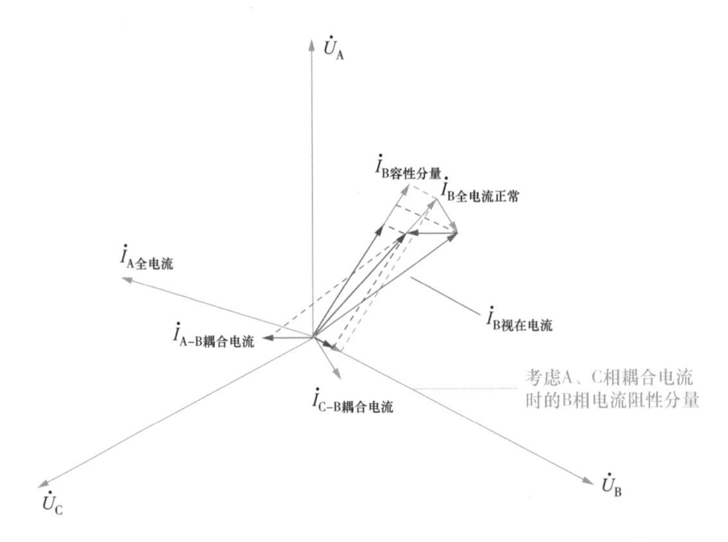

图2-2-2　三相避雷器一字对称排列且离母线较远时B相避雷器阻性电流、容性电流及全电流向量图

由图2-2-2可知，蓝色坐标为不考虑A、C相耦合电流干扰时B相避雷器阻性电流、容性电流及全电流向量图，红色坐标为同时考虑A、C相耦合电流干扰时B相避雷器阻性电流、容性电流及全电流向量图，这种情况下B相容性及全电流会有所减小，A、C相耦合电流对于B相来说方向相反、大小基本相等，结果为B相阻性电流无明显变化。

A、C避雷器受到B相避雷的干扰测试仪器会自动补偿。如果避雷器为非对称排列或离非同相母线较近，以604避雷器为例，A相电压互感器与C相避雷器对B相避雷器干扰不考虑，那么B相避雷器只会受到C相旁母干扰，如图2-2-3所示。

由图2-2-3可知，蓝色坐标为不考虑A、C相耦合电流干扰时B相避雷器阻性电流、容性电流及全电流向量图，红色坐标为只考虑C相耦合电流干

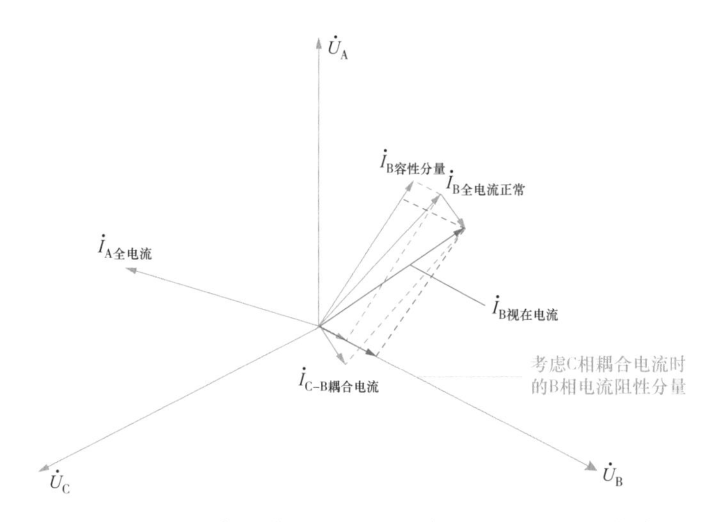

图2-2-3 604 B相避雷器阻性电流、容性电流及全电流向量图

扰时B相避雷器阻性电流、容性电流及全电流向量图，这种情况下其容性电流及全电流都会有所减小，阻性电流则明显增大，阻性电流增大比例大于全电流减小比例，同时角度也有所减小，与2017年1、2月带电测试数据一致。

结论：避雷器排列布局对阻性电流及全电流测试数据影响较大，因604 B相避雷器距离C相旁母较近，使得B相避雷器受到C相旁母耦合电流的干扰无法抵消，从而导致阻性电流及全电流试验数据异常。

2.2.5 监督意见及要求

（1）避雷器在设计、安装时，三相之间应一字对称排列且应与母线保持一定的距离。

（2）加强避雷器带电检测数据初值管理，对于非对称排列的避雷器单独建立数据库，便于跟踪分析。

（3）积极开展避雷器带电检测工作，认真排除带电检测作业中外界因素干扰，确保带电检测数据正确。

（4）当避雷器带电检测数据发现异常时，应结合绝缘电阻及直流泄漏试验进行综合判断，必要时也应结合外施运行电压下避雷器阻性电流与全电流数据进行判断。

2.3 110kV中性点避雷器金属盖密封不严导致内部受潮分析

- 监督专业：电气设备性能
- 设备类别：避雷器
- 发现环节：运维检修
- 问题来源：设备制造

2.3.1 监督依据

GB/T 11032—2020《交流无间隙金属氧化物避雷器》

Q/GDW 1168—2013《输变电设备状态检修试验规程》

DL/T 664—2016《带电设备红外诊断应用规范》

2.3.2 违反条款

（1）依据GB/T 11032—2020《交流无间隙金属氧化物避雷器》6.2.2规定，应在规定直流1mA参考电流下测量直流参考电压即U_{1mA}，其值应不少于规定值。中性点用避雷器为额定电压72kV、持续运行电压58kV的直流1mA参考电压不小于103kV。

（2）依据Q/GDW 1168—2013《输变电设备状态检修试验规程》6.13.3.1规定，0.75倍直流参考电压下泄漏电流不超过50μA。

（3）依据DL/T 664—2016《带电设备红外诊断应用规范》附录I规定，电压致热型设备缺陷诊断判据，氧化锌避雷器局部发热异常，温差不应超过0.5K。

2.3.3 案例简介

2020年5月13日，某供电公司试验人员在对220kV某变电站1号主变压器例行试验过程中，发现1号主变压器110kV中性点避雷器在直流1mA参考电流下的直流参考电压为81.7kV，0.75倍直流参考电压下泄漏电流为75μA，不满足U_{1mA}不小于103kV，0.75U_{1mA}下泄漏电流小于50μA要求。考虑到避雷器伞裙污秽对泄漏电流的影响，对外绝缘清洁后并设置屏蔽，再次进行试验依旧不合格。对该避雷器施压至运行电压后，进行红外精确测温，发现其上部与中部存在0.9K温差；随后进行解体检查，最终确定该避雷器试验不合格是由于顶部及底部金属盖密封不严致使潮气侵入避雷器内部，使得避雷器性能受损。

该避雷器型号为YH1.5W–72/173，额定电压为72kV、持续运行电压为58kV，出厂日期为2011年11月，绝缘体类型为硅橡胶外套。

2.3.4 案例分析

（1）试验数据分析。2020年5月13日，试验人员在对某变电站1号主变压器例行试验过程中发现110kV中性点避雷器试验数据异常，排除现场干扰和加屏蔽后试验数据基本维持不变。各试验数据见表2–3–1。

表2–3–1　某变电站1号主变压器110kV侧中性点避雷器现场试验数据

试验环节	U_{1mA}（kV）	0.75U_{1mA}下泄漏电流（μA）	绝缘电阻（MΩ）
第一次试验	79.5	78	1500
检查试验仪器、接线后	79.8	78	1500
加屏蔽后	81.7k	75	1700

对该避雷器进行外观检查，发现其外绝缘伞裙表面污秽严重，随即用酒精对避雷器进行深度清洁，避雷器清洁前后对比如图2–3–1所示。

清洁后再次对该避雷器进行试验，试验结果为：U_{1mA}为86.8kV，0.75U_{1mA}下泄漏电流为46μA，试验仍不合格。

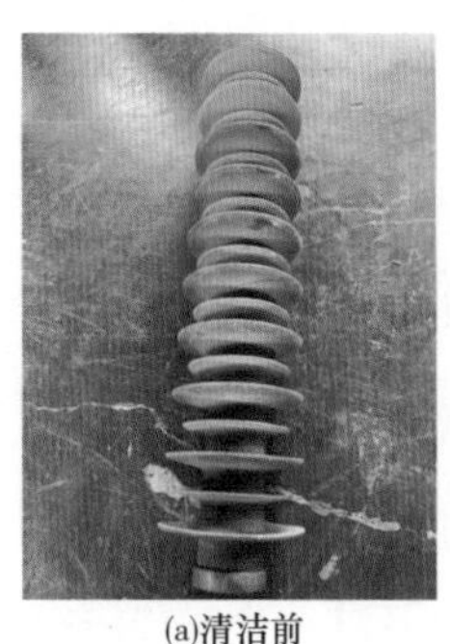
(a)清洁前

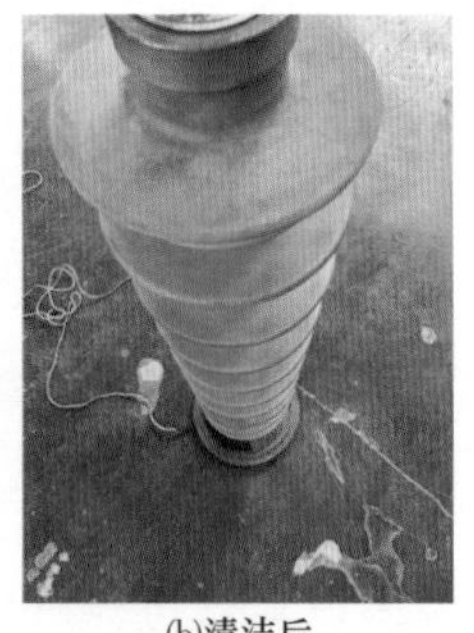
(b)清洁后

图 2-3-1　避雷器清洁前后对比

（2）红外检测分析。为找出并判断该避雷器故障原因，2020年5月13日，在高压试验大厅进行了故障诊断。首先对220kV某变电站1号主变压器110kV中性点避雷器加压至运行电压，15min后进行红外精确测温，如图2-3-2所示。

从图2-3-2可以看到220kV某变电站1号主变压器110kV中性点避雷器存在局部发热异常，中上部、中下部与中部存在明显的温差，最大温差达0.9K，根据DL/T 664—2016《带电设备红外诊断应用规范》规定的电压致热型设备

图 2-3-2　加压红外检测图谱

缺陷诊断判据可知，该避雷器发热属于严重缺陷。由于局部发热部位集中在上部与下部，而该避雷器需密封点也位于顶部与底部，初步判断为顶部或底部密封不严导致潮气侵入致使内部阀片受潮。

（3）解体检查。为找出并判断问题原因，对该避雷器进行了解体检查。在对该避雷器进行顶部和底部密封盖拆解时发现，密封盖密封不严，拴紧螺钉松动，顶部与底部端盖与硅橡胶外护套之间存在缝隙，且内壁有明显的受潮痕迹。同时对内部氧化锌阀片进行进一步检查时发现，内部阀片存在受潮迹象，如图2–3–3所示。

由此可以判断该避雷器试验不合格是由于顶部和底部金属盖密封不严，使潮气侵入避雷器内部，上部与下部阀片受潮，致使阀片绝缘性能下降。以上分析结果反映，该避雷器产品质量不可靠、密封工艺不良，且在设备安装过程中未进行及时检查，以上问题是导致这次事故的主要原因。

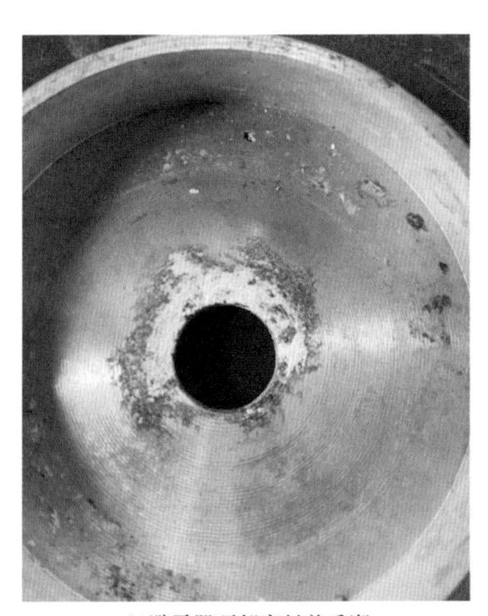

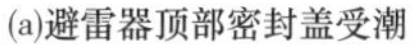

(a)避雷器顶部密封盖受潮

(b)内部阀片受潮

图2–3–3　避雷器顶部密封盖内壁及内部阀片受潮

2.3.5 监督意见及要求

（1）加强对该避雷器同厂同型及复合绝缘避雷器的巡视和红外测温工作，

发现避雷器红外检测异常时及时跟踪，温差达到0.5～1K应停电进行诊断试验加以判断。

（2）对于主变压器中性点避雷器，由于正常运行时未承受电压，红外测温等带电检测手段不能及时发现，应结合例行试验并严格按照Q/GDW 1168—2013《输变电设备状态检修试验规程》进行相关试验。

（3）应进一步强化重要设备全过程溯源整治，加强运检阶段前设备制造、安装调试、竣工验收等过程技术监督，对不符合要求的设备应及时提出整改措施，杜绝设备带病入网。

2.4 110kV避雷器上部橡胶密封垫片损坏导致内部受潮分析

- 监督专业：电气设备性能
- 设备类别：避雷器
- 发现环节：运维检修
- 问题来源：设备制造

2.4.1 监督依据

DL/T 664—2016《带电设备红外诊断应用规范》

2.4.2 违反条款

依据DL/T 664—2016《带电设备红外诊断应用规范》附录I.1规定，电压制热型设备缺陷诊断判据为整体发热或局部发热为异常。

2.4.3 案例简介

2015年10月19日，某公司在带电检测中发现220kV某变电站110kV 508某线A相氧化锌避雷器红外温度为44.7℃，全电流为1.476mA，阻性电流为0.295mA；B相红外温度为35.5℃，全电流为0.647mA，阻性电流为0.105mA；C相全电流为0.645mA，阻性电流为0.107mA。正常B相与A相温差为9.2℃，相对温差59%，可能为内部严重受潮，分析为电压致热型故障。解体发现避雷器上部橡胶密封垫片部分损坏。避雷器上半部分严重受潮，受潮部分丧失原来的绝缘性能，导致整个避雷器阻性电流增大，下半部分绝缘依然良好，电压几乎全部由非受潮部分承担，导致非受潮部分有功功率损耗增加温升升高导致发热。

2.4.4 案例分析

（1）检测过程。2015年10月19日，220kV某变电站红外检测发现110kV 508某线A相氧化锌避雷器红外温度为44.7℃，B、C相红外温度为35.5℃。508氧化锌避雷器不同角度红外测温图片如图2-4-1所示。

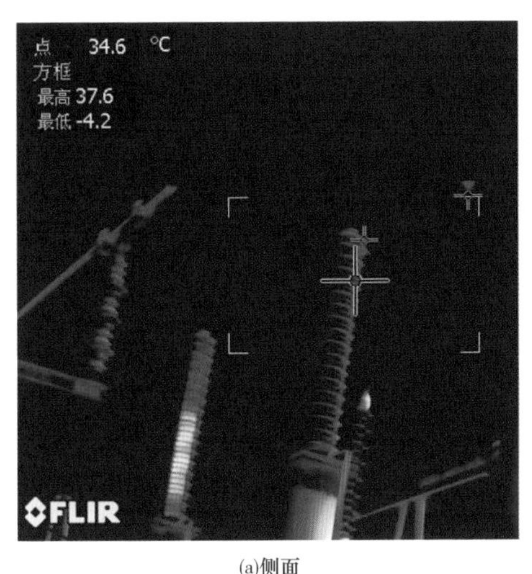

(a)侧面

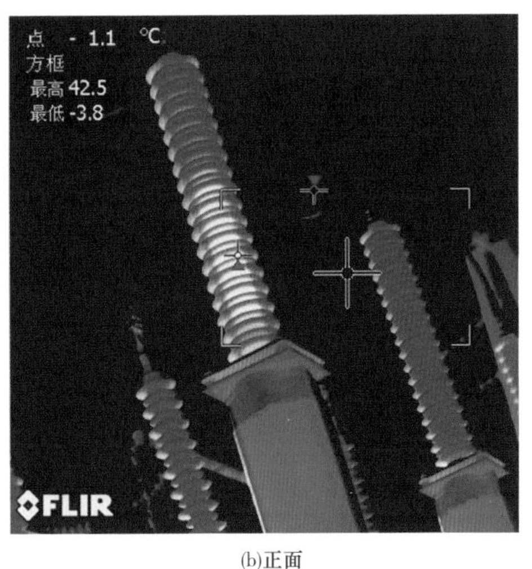

(b)正面

图2-4-1 508氧化锌避雷器红外测温图片

进一步开展避雷器的全电流、阻性电流检测，发现A相阻性电流为0.295mA，B相阻性电流为0.105mA，A相阻性电流比B相增大了2.8倍。按照相关规程规定测量运行电压下的全电流、阻性电流或功率损耗，测量值与初始值比较不应有明显变化，当阻性电流增加一倍时，必须停电检查。检测人员立即汇报给调度，调度命令将110kV 508某线退出运行，运维检修部立即安排人员赶赴现场进行处理。

（2）解体前检查试验。2015年10月20日，试验人员对508 A相氧化锌避雷器进行了诊断性试验，试验项目有绝缘电阻测量、直流泄漏试验，试验数据见表2-4-1。

表2-4-1 绝缘电阻及直流泄漏数据

相别	出厂编号	本体绝缘电阻（MΩ）	U_{1mA}（kV）	0.75U_{1mA}下泄漏电流（μA）	底座绝缘电阻（MΩ）
A	38073	45	31.5	—	—
B	38074	37000	150.6	22	—
C	38075	42000	150.5	21	—
使用仪器：S1-552绝缘电阻表（0~2500V）、ZGS-200直流发生器；温度：26℃；湿度：50%					

由表2-4-1可知，A相设备绝缘已严重劣化。

2015年10月31日，试验人员在高压试验大厅对508 A相氧化锌避雷器进行了解体前检查及试验，试验结果见表2-4-2。

表2-4-2 避雷器阻性电流测试

试验电压（64kV）	A相	B相	C相
全电流（mA）	1.234	0.407	0.425
阻性电流（mA）	0.239	0.061	0.058
绝缘电阻（MΩ）	43.8	32000	31000
试验仪器：HS4001 / BM21-2500V绝缘电阻表；环境温度16℃；湿度75%			

故障相全电流及阻性电流与正常相全电流及阻性电流相差50%以上，红外测温图片没有变化。根据508 A相氧化锌避雷器带电检测、红外及停电诊断性试验分析可知，当氧化锌避雷器上半部分严重受潮后，受潮部分绝缘性能降低，导致避雷器阻性电流增大。下半部分受潮现象不明显，下半部分绝缘

依然良好，正常110kV氧化锌避雷器的运行电压为64kV，几乎全部由避雷器下部承担，导致避雷器下部温升升高导致发热。

1）避雷器解体前外观，如图2-4-2所示。

图2-4-2 508氧化锌避雷器解体前外观图片

2）解体后检查：如图2-4-3～图2-4-5所示。

图2-4-3 氧化锌避雷器解体后内部图片

图2-4-4 氧化锌避雷器解体后弹簧、阀片受潮图片

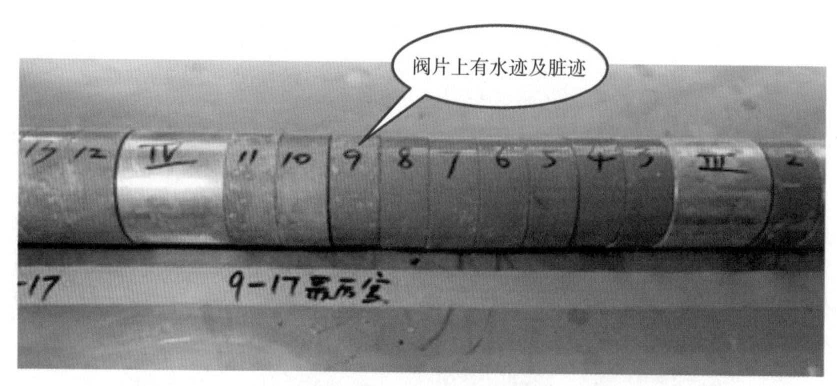

图2-4-5　1～11片氧化锌避雷器解体后阀片受潮严重图片

氧化锌避雷器阀片总长为1085mm，其中阀片严重受潮区域为665mm，占总阀片的61%，轻微受潮阀片区域为420mm，占总阀片的39%，阀片由29片组成，1～17阀片为严重受潮、18～29阀片为轻微受潮或者不受潮，具体区域如图2-4-6所示。根据理论计算18～29阀片共12阀片承受的电压为64kV，每片承受电压为5.3kV，高出每片3.1kV，超过运行电压140%，从而导致发热温升。

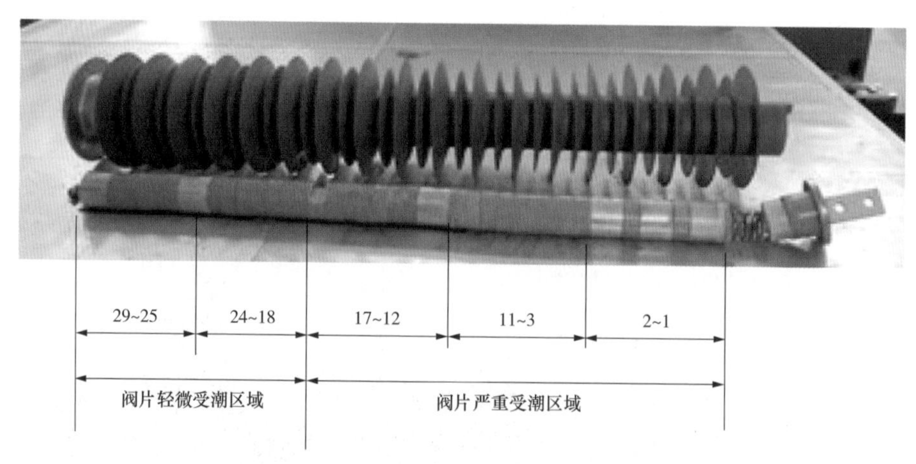

图2-4-6　508氧化锌避雷器阀片受潮区域图

检修人员解开避雷器上部密封圈发现橡胶密封垫片部分损坏，具体情况如图2-4-7、图2-4-8所示。

图2-4-7 解开避雷器上接线杆

图2-4-8 解开上部密封圈

（3）原因分析。

1）氧化锌避雷器由多元件串联结构组成，当氧化锌避雷器上半部分严重受潮后，受潮部分丧失原来的绝缘性能，导致整个避雷器阻性电流增大，但因为水分量不大，没有影响到避雷器下半部分，下半部分绝缘依然良好，电压几乎全部由非受潮部分承担，导致非受潮部分有功功率损耗增加，温升升高导致发热。

2）氧化锌避雷器受潮是由于避雷器上接线杆与避雷器上部密封盖之间有裂纹，导致水分进入避雷器本体。

2.4.5 监督意见及要求

（1）该次氧化锌避雷器运行不到4个月，设备出现严重受潮问题。说明供应商在避雷器结构设计方面存在考虑不足，避雷器加工工艺不到位。

（2）为防止此类事件重复发生，一是要加强设备入厂监造，掌握设备主材情况，防范设备质量事件；二是要加强变电站此类设备的带电检测工作，消除设备隐患。

2.5 35kV避雷器密封不良受潮导致阻性电流超标分析

- 监督专业：电气设备性能
- 设备类别：避雷器
- 发现环节：运维检修
- 问题来源：设备制造

2.5.1 监督依据

《国家电网公司变电检测管理规定　第16分册　泄漏电流检测细则》
《国家电网公司变电检测管理规定　第1分册　红外热像检测细则》

2.5.2 违反条款

（1）依据《国家电网公司变电检测管理规定　第16分册　泄漏电流检测细则》规定，同一产品，在相同的环境条件下，阻性电流与上次或初始值比较应不大于30%，全电流与上次或初始值比较应不大于20%。当阻性电流增加0.3倍时应缩短试验周期并加强监测，增加1倍时应停电检查。

（2）依据《国家电网公司变电检测管理规定　第1分册　红外热像检测细则》附录E.1规定，电压致热型设备缺陷诊断判据为10～60kV的氧化锌避雷器，正常为整体轻微发热，较热点一般靠近上部且不均匀，多节组合从上到下各节温度递减，引起整体发热或局部发热为异常，当温差达到0.5～1K时，应进行直流或交流试验。

2.5.3 案例简介

某公司110kV某变电站4×24 C相避雷器型号为YH5WZ–51/134，结构为1节，出厂日期为2011年9月，2012年9月投运。

2019年1月19日上午，某公司检测人员结合春季安全大检查对110kV某变电站进行专业化巡检，对避雷器进行阻性分量及全电流测试时，发现4×24

C相避雷器试验数据异常，C相避雷器阻性电流初值差为115%，阻性电流占全电流百分比为36.1%，全电流初值差为34%，不符合规程要求。现场排除其他干扰因素并进行反复测试，试验结果均无明显变化，初步怀疑C相避雷器因阀片老化造成阻性电流及全电流增大。

随即对避雷器进行红外精确测温，发现4×24 C相避雷器存在发热现象，C相避雷器上部最高温度13.7℃，正常相A相最高温度12.8℃，B相最高温度12.9℃，温差达到0.8K，现场环境温度为10.4℃，判定避雷器4×24 C相避雷器存在严重缺陷，阀片存在受潮或者老化，与避雷器阻性分量及全电流测试结果相印证。

2.5.4 案例分析

（1）运行电压下避雷器阻性电流与全电流测量。2019年4×24避雷器阻性电流及全电流试验数据见表2-5-1。

表2-5-1 2019年4×24避雷器阻性电流及全电流测试试验数据

设备名称		电压（kV）	全电流（mA）	阻性电流（mA）	角度（°）	功率消耗（W）	阻性电流初值差（%）	阻性电流占比（%）
4×24避雷器	A	21.73	160	43	78.94	0.672	38.5	26.8
	B	20.75	180	33	82.52	0.488	22.2	18.3
	C	22.76	197	71	75.17	1.158	115	36.1
试验仪器：AI-6109型阻性电流测试仪；温湿度：22.3℃/65%								

由以上试验数据可知，C相避雷器阻性电流初值差为115%，阻性电流（有效值）占全电流百分比为36.1%，4×24 C相避雷器阻性电流不符合Q/GDW 1168—2013《输变电设备状态检修试验规程》的规定值。现场排除其他干扰因素并进行反复测试，试验结果均无明显变化，怀疑C相避雷器因为阀片受潮造成阻性电流及全电流增大。A相避雷器阻性电流初值差大于30%，考虑其阻性电流幅值较小，怀疑为C相全电流和阻性电流较A相大，从而使仪器补偿不合理导致。

（2）红外精确测温。对4×24避雷器进行红外测温时，发现C相避雷器存在发热异常，检测人员调整温度范围、成像角度，并拍下了清晰的图谱，如图2-5-1~图2-5-4所示。

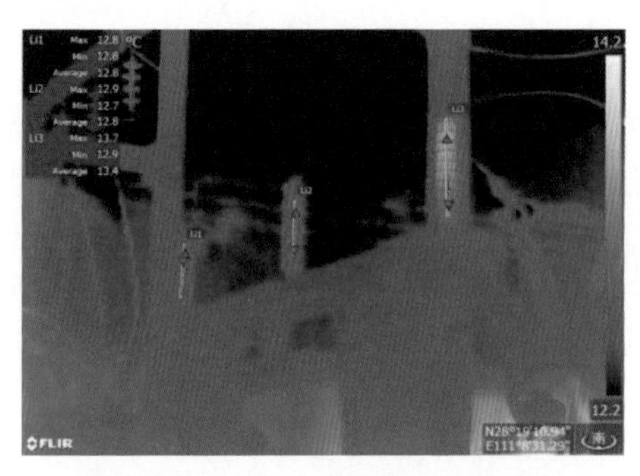

图2-5-1　4×24避雷器三相对比图

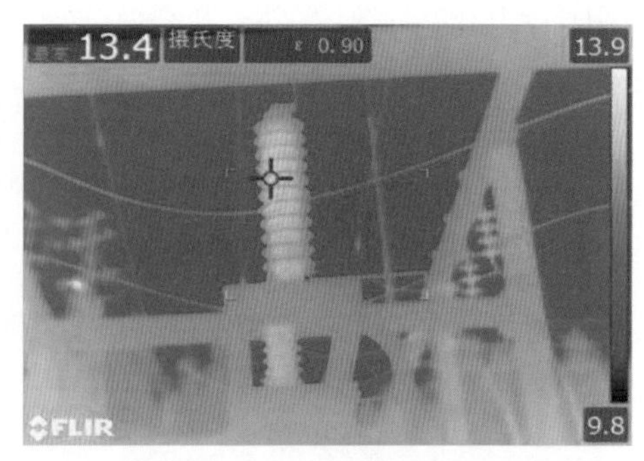

图2-5-2　4×24 C相避雷器

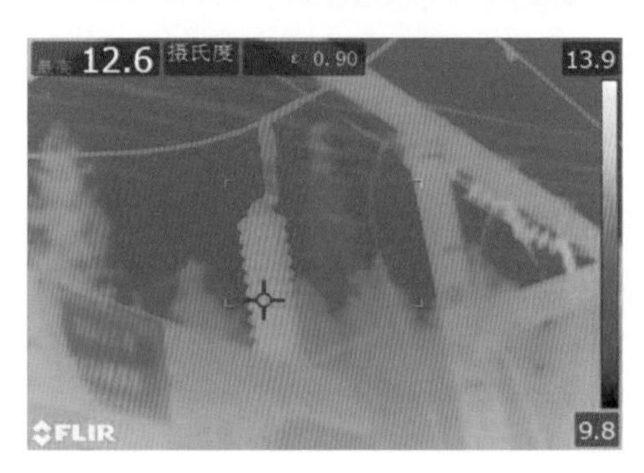

图2-5-3　4×24 B相避雷器

图2-5-4　4×24 A相避雷器

对图谱进行分析发现，C相避雷器上部温度异常，C相避雷器上部最高温度13.4℃，正常相B相避雷器最高温度12.6℃，A相避雷器最高温度12.7℃，温差达到0.8K，环境温度10.4℃，绝缘子参考温度12.1℃，根据《国家电网公司变电检测管理规定　第1分册　红外热像检测细则》，判定4×24 C相避雷器为严重缺陷，阀片存在受潮或者老化。

（3）绝缘电阻及直流泄漏试验。2019年1月26日，将4×24避雷器退出运行后进行了试验，并与上次试验数据进行对比。停电试验结果如下：

1）绝缘电阻试验。对4×24三相避雷器进行了绝缘电阻试验，且采用非屏蔽和屏蔽两种方法，并与历史数据进行了比较，试验结果见表2-5-2。

表2-5-2 避雷器绝缘电阻试验数据

设备名称		绝缘电阻（MΩ）	
		2019年	2013年
4×24避雷器	A相	12100	16100
	B相	12000	16200
	C相	6300	14900
试验仪器：KD50A数字绝缘电阻表；温湿度：13.4℃/67%			

避雷器外绝缘为硅橡胶，经外观检查，无开裂及其他明显异常，略有脏污。避雷器绝缘电阻试验结果（35kV以上不低于2500MΩ），非屏蔽与屏蔽方式下，绝缘电阻数值差别不明显。但对三相避雷器进行横向对比发现，C相避雷器下节绝缘电阻已明显下降，较2013年试验数据，只有C相避雷器下节绝缘电阻明显下降。

2）直流1mA电压U_{1mA}及0.75U_{1mA}下泄漏电流试验。该次试验数据与2013年试验数据见表2-5-3。

表2-5-3 2019年避雷器直流U_{1mA}及0.75U_{1mA}下泄漏电流测试试验数据

设备名称		2019年		2013年	
		U_{1mA}（kV）	0.75U_{1mA}下泄漏电流（μA）	U_{1mA}（kV）	0.75U_{1mA}下泄漏电流（μA）
4×24避雷器	A相	77.6	10.3	75.7	11.8
	B相	79.1	17.6	75.5	12.4
	C相	73.2	190.7	76.0	11.9
试验仪器：ZVI型直流高压发生器					

由表2-5-3数据可知，4×24 C相避雷器下节U_{1mA}下降了2.8kV，初值差3.68%，0.75U_{1mA}下泄漏电流增大了178.8μA，初值差达1502%，且超过Q/GDW1168—2013《输变电设备状态检修试验规程》中50μA的规定值。

结合全电流及阻性电流试验、精确红外测温、绝缘电阻及直流泄漏试验，可以判断4×24 C相避雷器内部阀片老化或受潮，其解体分析将在避雷器更换后进行。

（4）解体分析与试验。为进一步检查避雷器内部情况，验证试验结果分析，对避雷器进行解体检查。在避雷器顶部有金属外包装与防水密封胶，防止外部潮气进入避雷器内部。避雷器内部由15块氧化锌电阻片叠加组成，在上端用弹簧压紧，每块氧化锌阀片直流参考电压值略有不同，通过组合得到避雷器所需的1mA直流参考电压U_{1mA}，如图2-5-5、图2-5-6所示。

图2-5-5　避雷器整体

图2-5-6　顶部密封胶

对避雷器氧化锌阀片由顶部至底部进行编号，分别为1～15号。将氧化锌阀片组合进行直流1mA电压U_{1mA}及$0.75U_{1mA}$下泄漏电流试验，试验数据见表2-5-4。

表2-5-4　氧化锌阀片直流1mA电压U_{1mA}及$0.75U_{1mA}$下泄漏电流试验数据

阀片编号	U_{1mA}（kV）	$0.75U_{1mA}$下泄漏电流（μA）	阀片编号	U_{1mA}（kV）	$0.75U_{1mA}$下泄漏电流（μA）
1～15	73.2	185.2	2～4	12.1	13.2
1～3	8.4	50	3～5	15.7	7.8
4～6	15.6	5.7	1	1.5	500

续表

阀片编号	U_{1mA}（kV）	$0.75U_{1mA}$下泄漏电流（μA）	阀片编号	U_{1mA}（kV）	$0.75U_{1mA}$下泄漏电流（μA）
7～9	15.7	9.0	2	1.5	260
10～12	15.1	9.2	3	5.2	20
13～15	15.4	15.2	7	5.2	26

由试验数据可知，避雷器顶部的阀片试验结果不合格，与红外精确测温结果（避雷器上部温度高于下部温度）相印证。对1、2号阀片及顶部压接弹簧进行外观检查发现，1、2号阀片表面有受潮痕迹，且顶部压接弹簧锈蚀较为严重，如图2-5-7所示。

(a)1号氧化锌阀片

(b)2号氧化锌阀片

(c)顶部压接弹簧(俯视)

(d)顶部压接弹簧(侧视)

图2-5-7 阀片及顶部压接弹簧外观检查

综合以上分析，4×24 C相避雷器因密封不良，其阀片受潮氧化，从而使其阻性电流及0.75U_{1mA}下泄漏电流试验不合格。从试验数据来看，下部避雷器阀片还未受到影响，一旦开始恶化，将造成避雷器爆炸事故。

2.5.5 监督意见及要求

（1）积极开展避雷器带电检测工作，认真排除带电检测作业中外界因素干扰，确保带电检测数据正确。对于避雷器缺陷判断，应结合全电流及阻性电流试验、精确红外测温、绝缘电阻及直流泄漏试验进行综合分析。

（2）避雷器阀片恶化初期，其表现为全电流变化不大而阻性电流变化较大，所以除阻性电流外，尤其要关注角度和功率的变化。

（3）对于电压致热型设备，进行精确红外测温时，应在温度、湿度及光照合理的情况下进行，且应选择手动模式，调节色标，并正确选择拍摄角度。

（4）避雷器的非线性特性为指数形式，一旦避雷器阀片开始老化或受潮，当达到一定阈值，其特性将呈指数急剧恶化，易造成设备或电网事故。

2.6 35kV避雷器接地导通不良致使雷电波侵入及本身受潮导致炸裂分析

- 监督专业：电气设备性能
- 设备类别：避雷器
- 发现环节：运维检修
- 问题来源：设备安装

2.6.1 监督依据

GB 50169—2016《电气装置安装工程接地装置施工及验收规范》

2.6.2 违反条款

依据GB 50169—2016《电气装置安装工程接地装置施工及验收规范》

4.2.9规定，电气装置的接地必须单独与接地母线或接地网连接，严禁在一条接地线中串接两个及两个以上需要接地的电气装置；4.1.5规定，接地线的最小规格不应小于标准表中所列规格，即铜绞线截面积不应小于50mm^2。

2.6.3 案例简介

2020年5月3日，某公司运维人员在110kV某变电站巡视中发现1号主变压器35kV侧B相避雷器损坏，检修试验人员立即赶往现场进行检查，在对避雷器解体检查和现场检测后，初步判断该避雷器炸裂原因是在雷电过电压经线路侵入变电站后，由于站内35kV出线间隔的三相避雷器及35kV Ⅱ母TV间隔B相避雷器的接地引下线接地导通不良，使得雷电波直接侵入到主变压器35kV侧避雷器上，同时1号主变压器35kV侧B相避雷器本身存在阀片受潮情况，在雷电波作用到该避雷器上时泄漏电流急剧加大，最终炸裂。

2.6.4 案例分析

（1）现场检查情况。2020年5月3日，某公司运维人员在110kV某变电站巡视中发现1号主变压器35kV侧B相避雷器损坏，其铭牌信息见表2-6-1，结构为无间隙金属氧化避雷器。

表2-6-1 110kV某变电站1号主变压器35kV B相避雷器铭牌信息

避雷器型号	HY5WZ2-51/134	额定电压	51kV
持续运行电压	40.8kV	出厂日期	2016年2月
编号	1602052	—	—

事故发生后，检修试验人员立即赶往现场对故障相避雷器进行检查，发现该避雷器外绝缘破损严重，部分外绝缘套悬挂在连接导线和放电计数器引下线上，而内部阀片和另一部分外绝缘由于爆炸冲击散落各地，如图2-6-1所示。在对各部分进行仔细外观检查中发现，在端盖内侧有清楚的电弧灼烧

痕迹，同时内部阀片有明显的受潮迹象，如图2-6-2所示。

(a)外绝缘套悬挂在放电计数器引下线上

(b)内部阀片及部分外绝缘套散落情况

图2-6-1 故障相避雷器现场图片

(a)内部灼烧痕迹

(b)内部受潮痕迹

图2-6-2 避雷器内部灼烧和受潮痕迹

（2）试验情况。试验人员对1号主变压器35kV侧A、C相避雷器（B相避雷器损坏严重无法进行试验）开展泄漏电流和绝缘电阻试验，其试验数据见表2-6-2。依据Q/GWD 1168—2013《输变电设备状态检修试验规程》要求，U_{1mA}大于73kV，U_{1mA}下泄漏电流小于50μA，绝缘电阻大于500MΩ，试验结果表明A、C相避雷器合格。

表2-6-2 某变电站1号主变压器35kV侧A、C相避雷器试验数据

试验项目	U_{1mA}（kV）	$0.75U_{1mA}$下泄漏电流（μA）	绝缘电阻（MΩ）
A相避雷器	80.5	39	1700
C相避雷器	78.3	40	1500

查找历史数据，某变电站1号主变压器35kV侧避雷器于2016年7月进行过例行试验，试验数据见表2-6-3，试验合格。

表2-6-3 某变电站1号主变压器35kV侧避雷器2016年例行试验数据

试验项目	U_{1mA}（kV）	$0.75U_{1mA}$下泄漏电流（μA）	绝缘电阻（MΩ）
A相避雷器	79.9	15.7	2500
B相避雷器	80.1	22.4	2500
C相避雷器	79.6	13.8	2500

考虑到事故的前一天为雷暴天气，而避雷器损坏很大一部分由雷电过电压经线路侵入站内引起，试验人员对站内35kV电压等级的避雷器接地端进行了接地导通测试，试验结果见表2-6-4。根据试验结果可以发现，35kV Ⅱ母B相、404三相和406三相避雷器接地导通数据虽未达到200mΩ的注意值，但是较其余正常接地导通数据大近20倍，说明其接地情况极其不佳。

▼ **表2-6-4　某变电站35kV电压等级的避雷器接地导通情况**

间隔单元	导通电阻（mΩ）		
	A	B	C
1号主变压器35kV侧	5.4	4.18	5.518
35kV Ⅰ母	5	5.3	4.7
35kV Ⅱ母	8.5	88.7	9.1
404	93.2	103.2	89.8
406	95.6	98.7	100.3

（3）原因查找及分析。经过现场检查发现，连接在35kV Ⅱ母上的出线404、406避雷器底座接地引下线为串接一起的金属铜线（截面积为20mm^2），且存在生锈现象，如图2-6-3所示，从而造成404、406避雷器接地端三相接地导通不良。违反了GB 50169—2016《电气装置安装工程接地装置施工及验收规范》4.2.9和4.1.5的规定。

(a)避雷器底座接地引下线为串接一起的金属铜线外观整体

图2-6-3　线路侧避雷器底座接地引下线用金属铜线串接且连接处锈蚀严重（一）

(b)金属铜线连接至接地扁铁位置

(c)避雷器底座金属铜线连接处锈蚀情况

图2-6-3　线路侧避雷器底座接地引下线用金属铜线串接且连接处锈蚀严重（二）

与此同时，35kV Ⅱ母避雷器B相放电计数器与构架连接处螺栓中间夹着其名称标示牌，螺栓未紧固到位，导致35kV Ⅱ母避雷器B相接地导通不良，如图2-6-4所示。

(a)正面

(b)侧面

图2-6-4　35kV Ⅱ母避雷器放电计数器接地连接螺栓未紧固到位

通过落雷图发现，5月2日晚35kV南西线被雷击，且线路存在重合闸动作。根据上述检查及试验情况可以推断，35kV出线南西线被雷击，雷击产生的过电压经406间隔侵入变电站内，本应由线路侧避雷器或母线侧避雷器动作将雷电波泄入大地，但由于线路侧406及35kV Ⅱ母B相避雷器接地导通不良，侵入站内的雷电波无法被泄放，进一步侵入至主变压器35kV侧，而1号主变压器35kV侧B相避雷器产品质量不可靠、加工工艺控制不严，致使潮气侵入避雷器内部，使得避雷器性能受损，当有较大的雷电波冲击时导致避雷器炸裂。

2.6.5 监督意见及要求

（1）严把设备验收关，严格按照《国家电网公司变电验收管理规定》《全过程技术监督精益化管理实施细则》、GB 50169—2016《电气装置安装工程接地装置施工及验收规范》等相关要求对变电站内接地装置开展验收，对不符合要求的接地装置及时提出整改措施，避免设备带“病”入网。

（2）加强变电站内电气设备接地引下线的检查工作，尤其是避雷器和避雷针，应做好接地导通测试，并对测试结果进行纵向和横向比较分析，对差异较大的数据（可能存在并未超过规程注意值，但与正常值差别很大的数据）高度重视。另外，应严格按照Q/GDW 1168—2013《输变电设备状态检修试验规程》的要求对变电站内接地网进行接地阻抗测试。

3 继电保护设备技术监督典型案例

3.1 1000kV特高压交流变电站断路器合闸回路缺陷处理

- 监督专业：继电保护　　- 设备类别：断路器
- 发现环节：基建验收　　- 问题来源：例试检修

3.1.1 监督依据

Q/GDW 1186—2022《继电保护和安全自动装置验收规范》

GB/T 50976—2014《继电保护及二次回路安装及验收规范》

3.1.2 违反条款

（1）依据Q/GDW 1186—2022《继电保护和安全自动装置验收规范》7.6.3规定，保护装置整组传动验收时，应检查各套保护与跳闸出口压板、二次回路及相关一次设备的一一对应关系。

（2）依据GB/T 50976—2014《继电保护及二次回路安装及验收规范》5.5.3.4规定，应通过试验检验三相不一致保护和防止断路器跳跃功能的正确性。

3.1.3 案例简介

2021年10月23日，在进行某1000kV特高压变电站的500kV保护调试跟班验收时发现5031断路器B相跳合跳试验后存在B相合闸回路断线情况，拉合第一路操作电源或切换机构远近操控把手后会复归，之后进行其他断路器间隔试验，发现多个间隔存在类似问题，问题间隔统计见表3-1-1。

表3-1-1　　合闸回路问题间隔统计

间隔	相别	断路器型号	操作箱型号	防跳实现位置
5031	A、B	LW13A-550（G）	JFZ-22FX	本体
5032	C	LW13A-550（G）	JFZ-22FX	本体
5041	B	LW13A-550（G）	NSR-381P3	本体
5042	C	LW13A-550（G）	NSR-381P3	本体
5051	C	LW13A-550（G）	NSR-381P3	本体
5052	A	LW13A-550（G）	NSR-381P3	本体
5053	A	LW13A-550（G）	JFZ-22FX	本体
5071	B	LW13A-550（G）	JFZ-22FX	本体
5072	B	LW13A-550（G）	JFZ-22FX	本体
5083	B	LW13A-550（G）	JFZ-22FX	本体
5813	C	LW13A-550（G）	NSR-381P3	本体

3.1.4 案例分析

（1）合闸回路断开点排查。该站500kV断路器为LW13A-550（G）断路器。分段量取合闸回路电位发现，KT52B串接至合闸回路61、62动断触点两端电位，KT52B:61为-36.48V，KT52B:62为-116.7V，KT52B:61和KT52B:62间电位约80V，KT52B:61和KT52B:62触点断开，确定为防跳继电器串接至合闸回路动断触点断开引起合闸回路断线，测试结果如图3-1-1、图3-1-2所示。

（2）防跳继电器励磁特性监测。防跳继电器为UEG/P-2H6D/220VDC型号继电器，分上下两层触点，量取防跳继电器KT52B线圈两端电位，发现A1电位为-36.49V，A2为-116.8V，线圈两端压降约80V，线圈疑似励磁，测试结果如图3-1-3、图3-1-4所示。

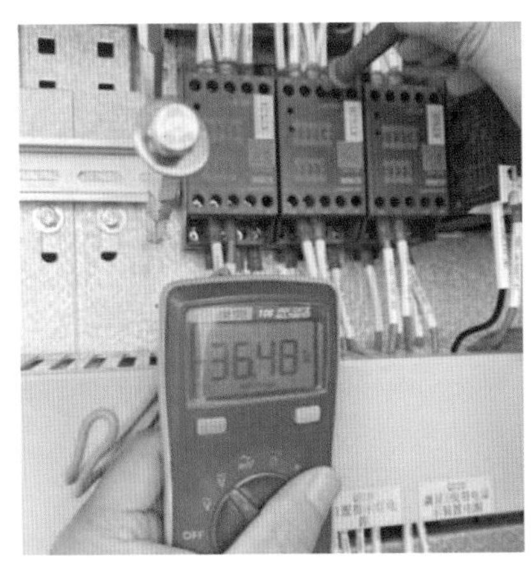

图3-1-1　KT52B:61电位测量

图3-1-2　KT52B:62电位测量

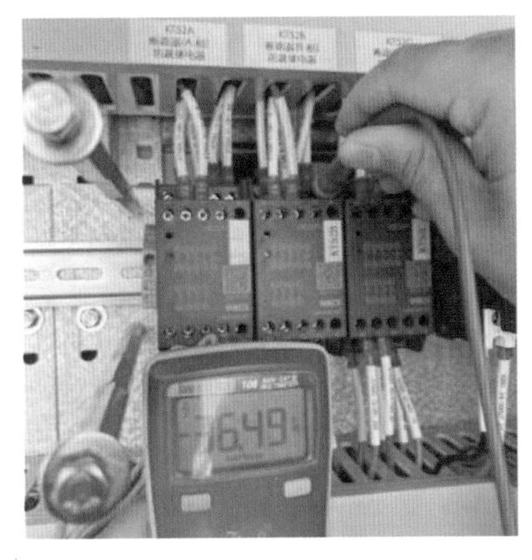

图3-1-3　KT52B线圈A1电位测量

图3-1-4　KT52B线圈A2电位测量

（3）根据机构原理图检测各触点电位或通断。量取KT52B串接至跳位监视回路的71、72动断触点两端电位，KT52B:71为-36.49V，KT52B:72为-36.48V，KT52B:71和KT52B:72间电位为0V，判定KT52B:71和KT52B:72触点导通，测试结果如图3-1-5、图3-1-6所示。

解开CB2:71（断开断路器位置S0:07、S0:08动合触点，排除该触点影响），量取KT52B自保持13、14动合触点两端电位，KT52B:13为-34.75V，KT52B:14为-34.76V（电位不同是由于其他小室带电情况发生变化造成直流系统电压变化），KT52B:13和KT52B:14间电位为0V，判定KT52B:13和

KT52B:14触点导通，测试结果如图3–1–7、图3–1–8所示。

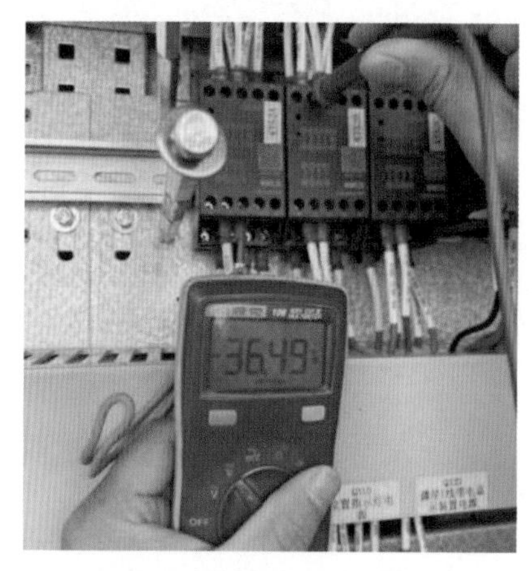

图3–1–5　KT52B:71电位测量

图3–1–6　KT52B:72电位测量

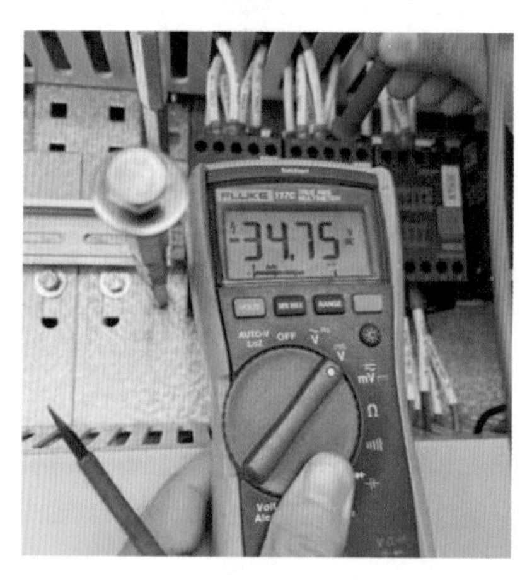

图3–1–7　KT52B:13电位测量

图3–1–8　KT52B:14电位测量

量取防跳继电器KT52B备用触点，备用触点未接线，直接量取通断，发现KT52B:51、KT52B:52动断触点断开，KT52B:81、KT52B:82动断触点闭合，测试结果如图3–1–9、图3–1–10所示。

综合上述试验发现，在跳合跳试验后合闸回路断线的情况下，虽然防跳继电器线圈两端有约80V的电位差，疑似有励磁现象，但防跳继电器动断触点有开有闭，处于混乱状态。

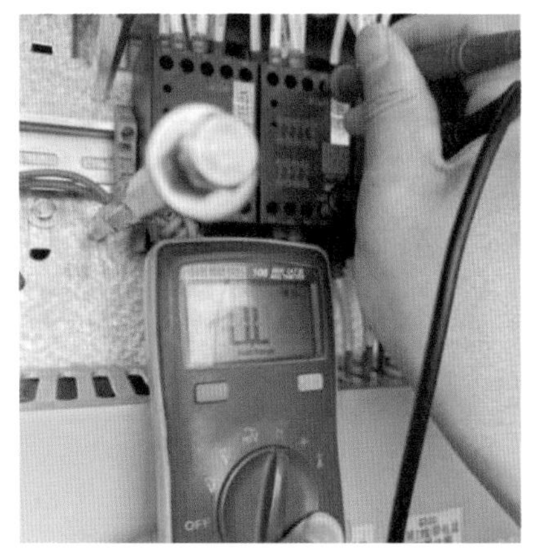

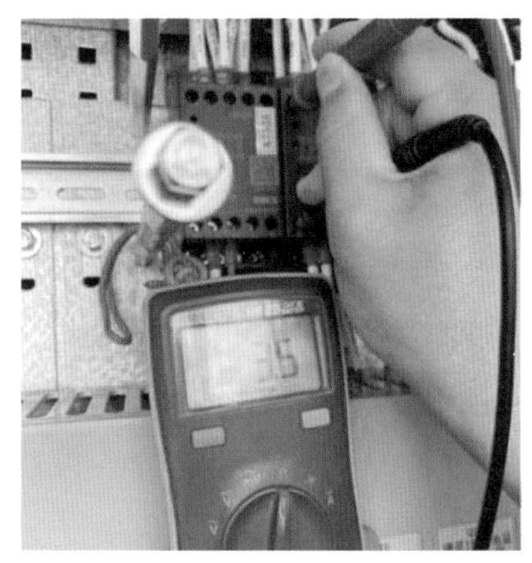

图3-1-9 KT52B:51/KT52B:52电位测量　　图3-1-10 KT52B:81/KT52B:82电位测量

（4）操作箱电阻匹配情况验证。500kV断路器均采用机构防跳，操作箱防跳已取消，为防止操作箱合闸回路和机构防跳回路电阻不匹配，在保持合闸回路异常的情况下在汇控柜断开B相合闸回路107B后，在断开点测试两端电位，同时检测触点状态，发现合闸回路异常情况仍然存在，如图3-1-11、图3-1-12所示。

图3-1-11 107B电位测量1　　图3-1-12 107B电位测量2

基于上述试验，可排除操作箱合闸回路给继电器提供电源的可能，同时考虑到同一操作箱分相进行试验时，并非三相均出现合闸回路断线，操作箱合闸回路影响概率较小。

综合试验结果，推测合闸回路故障是由触点配合引起的，合闸过程中触点配合不当形成了寄生回路，合闸过程中防跳继电器KT52B励磁自保持，在合闸脉冲消失后，自保持动合触点KT52B:13和KT52B:14本应迅速断开，同时跳位监视回路中KT52B:71、KT52B:72动断触点闭合，但实际现象可能是KT52B:71、KT52B:72动断触点先闭合，造成防跳回路线圈保持励磁。基于以上推测，对有问题的防跳继电器13–14、71–72触点进行了返回时间测试，测试数据见表3–1–2。

表3–1–2 触点返回时间测试结果

UEG/P–2H6D/220VDC 样品	13–14触点返回时间（ms）	71–72触点返回时间（ms）
第一次测试	15.802	10.802
第二次测试	15.621	10.602
第三次测试	15.597	10.702
第四次测试	15.579	10.702
第五次测试	15.502	10.602

通过表3–1–2可以看出，71–72动断触点的返回时间快于13–14动合触点的返回时间，从而陷入一个死循环，导致防跳回路反复励磁，从而切断了合闸回路。同时由于防跳继电器内部由4个继电器元件组成，如图3–1–13所示。每个继电器元件输出2副触点，共输出8副触点，由于此产品使用的电器在制造和加工方面会存在个体差异性（包括动作电压、返回电压、动作时间和返回时间），从而造成反复励磁时有61–62动断触点打开的情况，切断了合闸控制回路。

基于以上分析和试验验证，将防跳回路的保持触点和监视回路触点用为同继电器输出触点可解决防跳继电器引起的合闸回路断线问题。

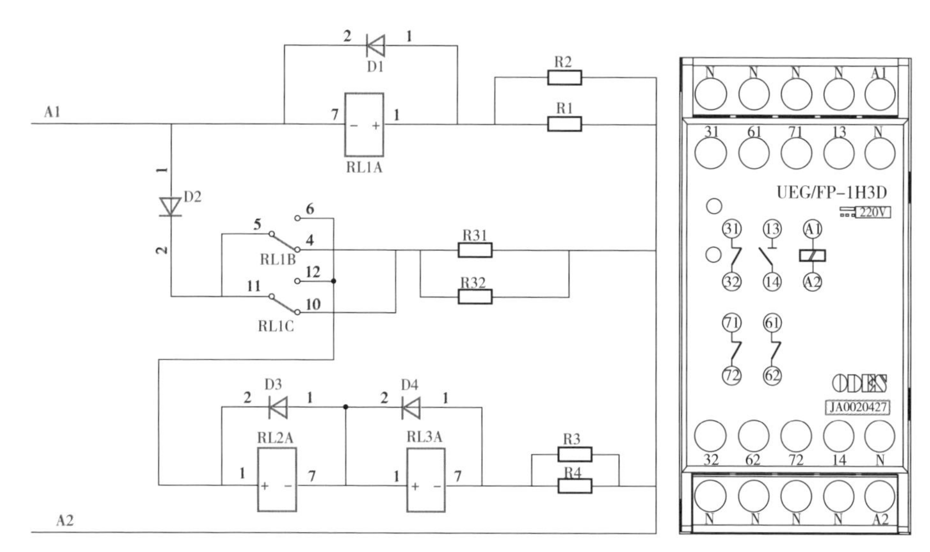

图 3-1-13 防跳继电器原理

13、14—动合触点；31、32，61、62，71、72—动断触点。

注 继电器用于防跳回路时，请使用同步的动断触点、动合触点组合；13、14和71、72为同步继电器，31、32和61、62为同步继电器。

处理方法：将UEG/P-2H6D/220V DC型号继电器更换为UEG/P-1H3D/220V DC1，保持和监视回路直接选用同一个继电器进行开关量输出，31-32和61-62用于合闸回路，13-14用于保持，71-72用于监视，这样可以保证同一个继电器出来的动合触点的返回时间快于动断触点的返回时间，现场试验验证跳合跳试验未再出现合闸回路断线故障。

3.1.5 监督意见及要求

（1）基建调试过程中应重点关注该类型防跳继电器的触点配合情况，应保证防跳回路的保持触点和监视回路触点用为同继电器输出触点。

（2）检修单位应就此处故障的同类型防跳继电器进行排查并结合检修试验验证。

3.2 500kV变电站3号主变压器低压侧套管电流绕组反极性问题分析

- 监督专业：继电保护
- 设备类别：保护装置
- 发现环节：运维检修
- 问题来源：安装调试

3.2.1 监督依据

国家电网生〔2018〕979号《国家电网公司十八项电网重大反事故措施（修订版）》

3.2.2 违反条款

依据国家电网生〔2018〕979号《国家电网公司十八项电网重大反事故措施（修订版）》15.4.3规定，所有保护用电流回路在投入运行前，除应在负荷电流满足电流互感器精度和测量表计精度的条件下测定变比、极性及电流和电压回路相位关系正确外，还必须测量各中性线的不平衡电流（或电压），以保证保护装置和二次回路接线的正确性。

3.2.3 案例简介

2022年5月18日下午，二次检修三班在500kV某变电站开展3号主变压器保护、5032、5033断路器保护更换（A1类检修）工作，对低压侧套管电流绕组进行二次升流时，对至主变压器A套保护的低压侧绕组升流，却在主变压器保护B套检测到电流。经过检查发现，3号主变压器A、C相低压侧套管与B相低压侧套管安装方向相反，导致3号主变压器A、C相的二次电流回路极性相反，即低压侧套管A、C相电流绕组均反接。从一次结构、二次回路均很难判断出低压侧套管A、C相反接的情况，存在重大隐患。

3.2.4 案例分析

原3号主变压器低压侧套管电流在主变压器公共端子箱短接，未接至主变压器保护，此次3号主变压器保护更换，需将低压侧套管电流接至主变压器保护。3号主变压器低压侧三相套管如图3-2-1～图3-2-3所示，A相铭牌如图3-2-4所示。3号主变压器低压侧A、B、C相套管的首端尾端分别以a-x、

图3-2-1　3号主变压器A相本体

图3-2-2　3号主变压器B相本体

图3-2-3　3号主变压器C相本体

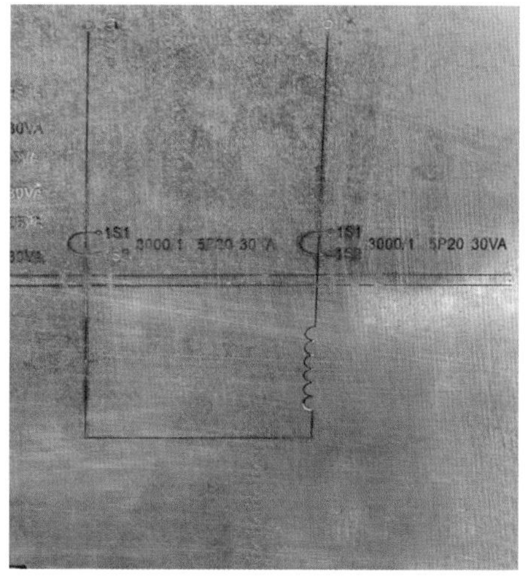

图3-2-4　3号主变压器A相低压侧套管铭牌

b-y、c-z命名。A相低压侧套管如图3-2-1所示，套管的首端为a，且a套管及其连接线颜色均为黄色，而套管的尾端为x，且x套管及其连接线颜色均为红色。如果B相低压侧套管与A相低压侧套管的安装方向一致，则如图3-2-2所示，B相套管的首端为b，且b套管及其连接线颜色均为黄色。按照这种假设，A、B相的套管首端均接在了同一根35kV汇流母线上，接线方式为A相的首端与B相的首端相接，明显不符合三角形接线方式。

经过检查，在变压器低压侧套管的底部看到了印有首端尾端的编号，由此发现3号主变压器A相套管首端a为黄色套管，而B相套管首端b为绿色套管，尾端y为黄色套管。同理可以发现，A、C相低压侧套管与B相安装方向相反。现场的接线方式如图3-2-5所示。

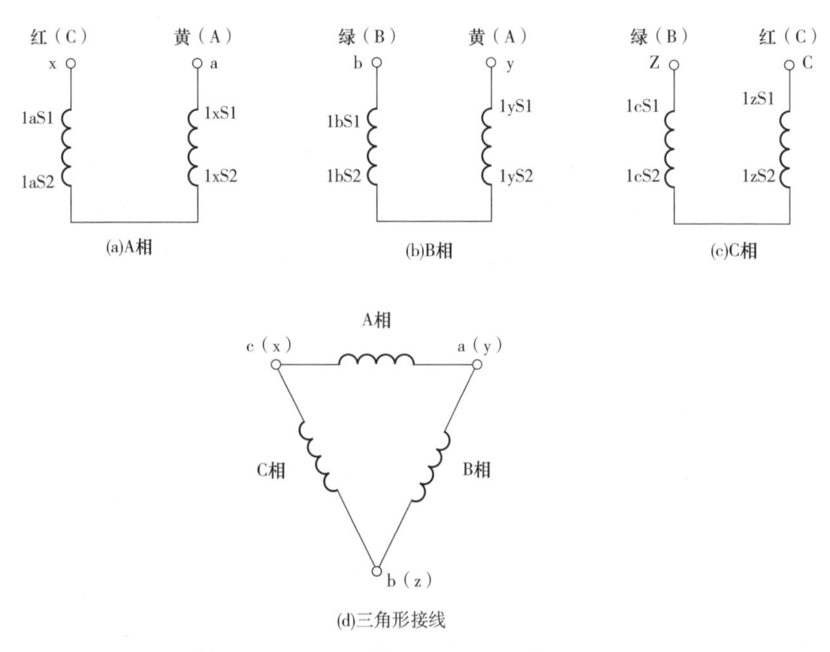

图3-2-5　3号主变压器低压侧现有一次接线

在打开A相低压侧套管a、x之后，检查发现套管a内的二次接线号码筒的编号为（x）/1S1/39、（x）/1S2/40，A相本体端子箱如图3-2-6所示，经过二次对芯，发现本体端子箱内的（x）/1S1/39、（x）/1S2/40二次芯线与套管a

内的二次芯线为同一根芯线，而x套管内的二次芯线a/1S1/37、a/1S2/38二次芯线与本体端子箱内的二次芯线为同一根芯线。经检查3号主变压器C相也是同样的问题，只有安装方向与A、C相低压侧套管相反的B相二次接线是正确的。

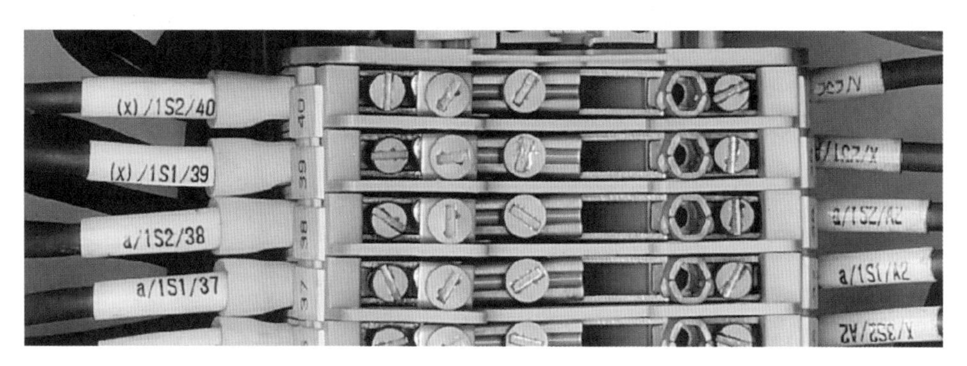

图3-2-6 A相本体端子箱低压侧套管二次接线

由于3号主变压器低压侧一次接线方式不能改变，只能根据一次极性更改二次接线。考虑到套管a内二次接线（x）/1S1/39、（x）/1S2/40实际为a/1S1与a/1S2，x套管内的二次接线a/1S1/37、a/1S2/38实际为x/1S1、x/1S2。c、z套管也是同样的问题，因此在主变压器A、C两相低压侧套管接线盒及本体端子箱内同时更换了号码筒，并对芯确认无误，如图3-2-7、图3-2-8所示。

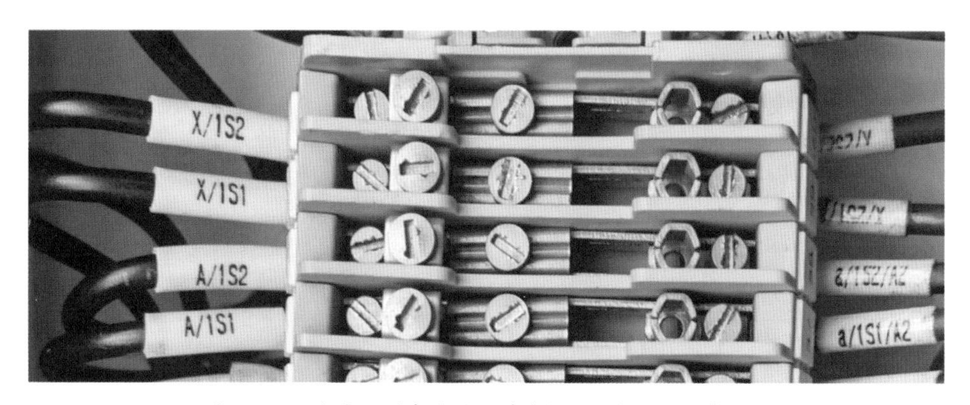

图3-2-7 主变压器本体端子箱内低压侧电流绕组整改图

整改完成后，再次对A、B、C三相低压侧套管进行升流试验，经验证电流极性及大小均正常，低压侧套管A、C相电流绕组反极性的隐患已得到处理。

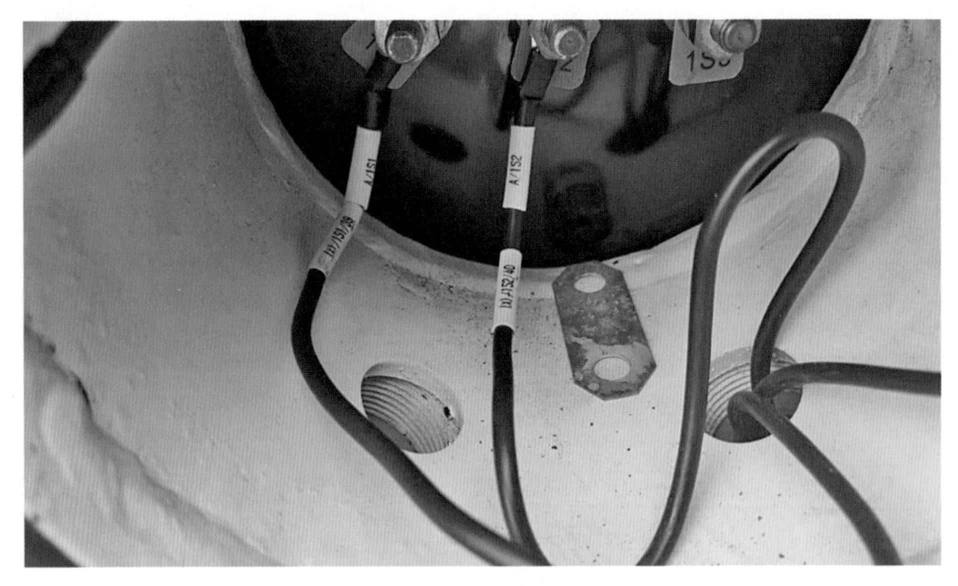

图3-2-8　主变压器套管内低压侧电流绕组整改图

3.2.5 监督意见及要求

（1）应在变压器停电前，采用钳形相位表对短接的低压侧套管电流进行带负荷检查，对比两个绕组的极性。

（2）保护屏柜更换过程中，严格依据二次回路升流典型作业法进行低压侧套管电流二次升流，判断变压器TA接线盒至本体端子箱原有接线的正确性。

（3）主变压器送电第一次空载全电压冲击合闸时，可以利用保信装置调取双套保护低压侧套管电流的波形，进行比对。

3.3 500kV断路器测控装置异常误发合闸脉冲信号问题分析

- 监督专业：继电保护　　● 设备类别：测控装置
- 发现环节：运维检修　　● 问题来源：出厂调试

3.3.1 监督依据

GB/T 40095—2021《智能变电站测控装置技术规范》

国家电网设备〔2018〕979号《国家电网公司十八项电网重大反事故措施（修订版）》

3.3.2 违反条款

（1）依据GB/T 40095—2021《智能变电站测控装置技术规范》5.5.4规定，控制输出的性能指标应满足如下要求：遥控输出正确率应为100%；从接收到遥控执行命令到遥控输出的时间不大于1s。

（2）依据国家电网设备〔2018〕979号《国家电网公司十八项电网重大反事故措施（修订版）》15.1.14规定，对220kV及以上电压等级电网、110kV变压器、110kV主网（环网）线路（母联）的保护和测控，以及330kV变电站的110kV电压等级保护和测控应配置独立的保护装置和测控装置，确保在任意元件损坏或异常情况下，保护和测控功能互相不受影响。

3.3.3 案例简介

2022年7月30日，某500kV变电站监控后台记录显示5051、5052断路器A、B套保护报"沟三出口""闭锁重合闸""重合闸充电满复归""手合开入"等信号。5051、5052断路器实际在合位，现场实际无人操作，经检查发现智能终端收到5051、5052断路器CSI-200F-GA-1测控装置发出合闸命令导致上述告警。并在5051、5052测控装置查询到“断路器合开出0–1”“断路器合开出1–0”等记录，后台告警如图3–3–1 ~ 图3–3–4所示。

五串5052断路器 500kV第五串5052断路器第一套保护PCS-921A 沟三出口 !
五串5052断路器 500kV第五串5052断路器第一套保护PCS-921A 沟三出口 SOE时间:2022-07-30
五串5052断路器 500kV第五串5052断路器第一套保护PCS-921A 重合闸充电完成 复归
五串5052断路器 500kV第五串5052断路器第一套保护PCS-921A 重合闸充电完成 SOE时间:2022-
五串5052断路器 500kV第五串5052断路器第一套保护PCS-921A 闭锁重合闸 !
五串5052断路器 500kV第五串5052断路器第一套保护PCS-921A 闭锁重合闸 SOE时间:2022-07-30
五串5052断路器 500kV第五串5052断路器第一套保护PCS-921A 闭锁重合闸-1_GOOSE !
五串5052断路器 500kV第五串5052断路器第一套保护PCS-921A 闭锁重合闸-1_GOOSE SOE时间:2

图3–3–1　5052断路器保护告警照片

51断路器 500kV第五串5051断路器第一套保护PCS-921A 闭锁重合闸 !
51断路器 500kV第五串5051断路器第一套保护PCS-921A 闭锁重合闸 SOE时间:2022-07-
51断路器 500kV第五串5051断路器第一套保护PCS-921A 闭锁重合闸-1_GOOSE !
51断路器 500kV第五串5051断路器第一套保护PCS-921A 闭锁重合闸-1_GOOSE SOE时间:
51断路器 500kV第五串5051断路器第二套保护NSR-321A 闭锁重合闸 !
51断路器 500kV第五串5051断路器第二套保护NSR-321A 装置1闭锁重合闸_GOS !
51断路器 500kV第五串5051断路器第二套保护NSR-321A 闭锁重合闸 SOE时间:2022-07
51断路器 500kV第五串5051断路器第二套保护NSR-321A 装置1闭锁重合闸_GOS SOE时间

图3–3–2　5051断路器保护告警照片

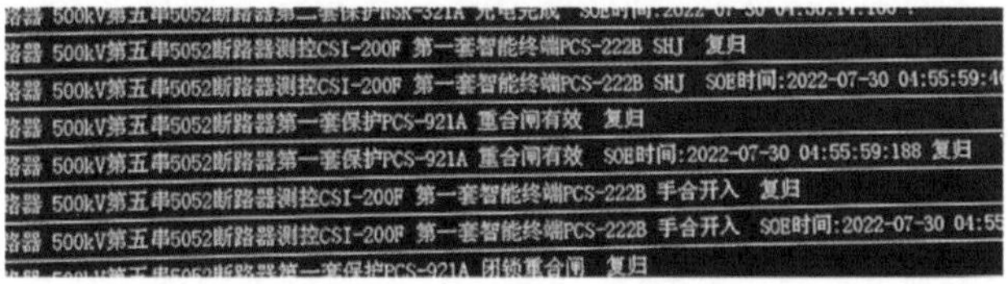

路器 500kV第五串5052断路器测控CSI-200F 第一套智能终端PCS-222B SHJ 复归
路器 500kV第五串5052断路器测控CSI-200F 第一套智能终端PCS-222B SHJ SOE时间:2022-07-30 04:55:59:4
路器 500kV第五串5052断路器第一套保护PCS-921A 重合闸有效 复归
路器 500kV第五串5052断路器第一套保护PCS-921A 重合闸有效 SOE时间:2022-07-30 04:55:59:188 复归
路器 500kV第五串5052断路器测控CSI-200F 第一套智能终端PCS-222B 手合开入 复归
路器 500kV第五串5052断路器测控CSI-200F 第一套智能终端PCS-222B 手合开入 SOE时间:2022-07-30 04:55

图3–3–3　5052测控SHJ告警照片

器 500kV第五串5051断路器测控CSI-200F 第一套智能终端PCS-222B SHJ !
器 500kV第五串5051断路器测控CSI-200F 第一套智能终端PCS-222B 手合开入 !
器 500kV第五串5051断路器测控CSI-200F 第一套智能终端PCS-222B SHJ SOE时间:20
器 500kV第五串5051断路器测控CSI-200F 第一套智能终端PCS-222B 手合开入 SOE时
器 500kV第五串5051断路器测控CSI-200F 第一套智能终端PCS-222B 闭锁重合闸 !
器 500kV第五串5051断路器测控CSI-200F 第一套智能终端PCS-222B 闭锁重合闸 SOE

图3–3–4　5051测控SHJ告警照片

3.3.4 案例分析

事件发生后立即组织厂家人员到现场收集资料，并组织研发人员对该问题进行分析，具体情况如下：

（1）现场数据分析。调取现场5051、5052测控装置SOE记录分析，发现该测控装置确实存在断路器合开关量输出变位现象，记录见表3-3-1。

表3-3-1　5051、5052测控装置断路器开关量输出SOE记录

变位时间	变位名称	SOE类型	变位信息	开关量输出时间（ms）
2022/3/3 18:38:01.058	5051断路器合开关量输出	开关量输出SOE	0→1	200
2022/3/3 18:38:01.258	5051断路器合开关量输出	开关量输出SOE	1→0	
2022/4/22 11:40:56.868	5051断路器合开关量输出	开关量输出SOE	0→1	200
2022/4/22 11:40:57.068	5051断路器合开关量输出	开关量输出SOE	1→0	
2022/6/11 4:43:54.308	5051断路器合开关量输出	开关量输出SOE	0→1	200
2022/6/11 4:43:54.508	5051断路器合开关量输出	开关量输出SOE	1→0	
2022/7/30 21:46:57.176	5051断路器合开关量输出	开关量输出SOE	0→1	200
2022/7/30 21:46:57.376	5051断路器合开关量输出	开关量输出SOE	1→0	
2022/3/3 1:46:31.225	5052断路器合开关量输出	开关量输出SOE	0→1	200
2022/3/3 1:46:31.425	5052断路器合开关量输出	开关量输出SOE	1→0	
2022/4/21 18:49:38.300	5052断路器合开关量输出	开关量输出SOE	0→1	200
2022/4/21 18:49:38.500	5052断路器合开关量输出	开关量输出SOE	1→0	

续表

变位时间	变位名称	SOE类型	变位信息	开关量输出时间（ms）
2022/6/11 11:52:46.480	5052断路器合开关量输出	开关量输出SOE	0→1	200
2022/6/11 11:52:46.680	5052断路器合开关量输出	开关量输出SOE	1→0	
2022/7/30 4:55:58.926	5052断路器合开关量输出	开关量输出SOE	0→1	200
2022/7/30 4:55:59.126	5052断路器合开关量输出	开关量输出SOE	1→0	

查看5051、5052测控装置遥控参数，断路器合闸脉冲为200ms，如图3-3-5所示。

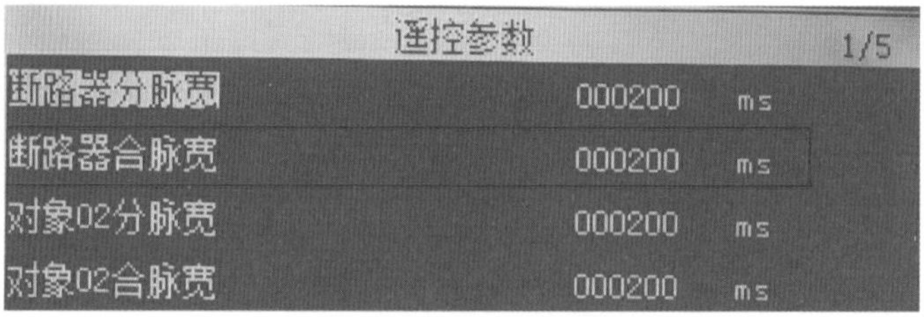

图3-3-5　测控遥控参数

（2）原因分析。根据现场收集的资料，厂家技术人员组织对CSI-200F-GA-1测控装置的程序代码和此间隔测控PLC文件备份进行排查、分析，通过分析发现该测控使用PLC文件存在异常，PLC文件中合闸脉宽时间继电器（TOF时间继电器）使用不当。该继电器为重复输出继电器，在232ms后输出合闸脉冲信号，之后该继电器清零重新计数。PLC文件中正确应使用TP时间继电器（合闸单次触发）。错误及正确配置的PLC文件分别如图3-3-6、图3-3-7所示。

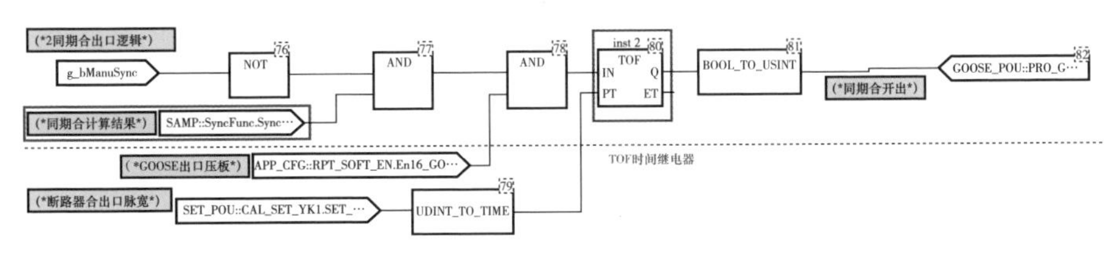

图 3-3-6 测控装置PLC文件错误配置逻辑图

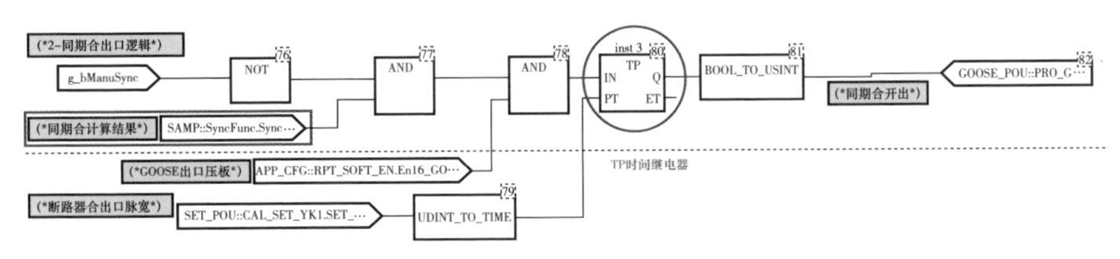

图 3-3-7 测控装置PLC文件正确配置逻辑图

根据对测控程序代码和配置文件的排查，可以定位出现合闸出口的原因仅与PLC文件中TOF继电器类型有关，不存在其他因素。

（3）解决方案。针对上述分析及问题原因，需要修改测控装置PLC文件，将TOF时间继电器更换为TP时间继电器（合闸单次触发）。测控装置更换上述文件后，无须做传动试验。

3.3.5 监督意见及要求

（1）在出厂时，要求厂家对PLC文件进行更严格的管控，根据地区标准归档标准PLC文件，保证PLC文件的唯一性。经人工和系统双重校核后，在PLM软件版本管控系统进行归档发布。

（2）在工程实施过程中，从PLM系统获取标准PLC文件，经过工程服务部门和技术支持部门技术经理复核后，现场方可使用。现场无须进行任何修改，禁止修改权限。

（3）在投运后，运维检修人员需要认真关注后台告警事件，早发现早处理，防止问题扩大，造成电网设备损失。

3.4 220kV变电站110kV母线差动跳闸GOOSE光口配置错误问题分析

- 监督专业：继电保护
- 设备类别：保护装置
- 发现环节：运维检修
- 问题来源：安装调试

3.4.1 监督依据

Q/GDW 441—2010《智能变电站继电保护技术规范》

3.4.2 违反条款

依据Q/GDW 441—2010《智能变电站继电保护技术规范》4.7规定，保护应直接采样，对于单间隔的保护应直接跳闸。

3.4.3 案例简介

2022年8月13日，检修人员在220kV变电站110kV二次设备首检期间进行链路信号核对时，断开Ⅰ线518合智一体装置接收110kV母线差动直跳尾纤后，后台未发合智一体装置接收母线保护GOOSE断链信号，此时进行母线保护传动，Ⅰ线518合智一体装置跳闸灯亮，断路器跳开。通过排查发现，Ⅰ线518合智一体装置配置错误，导致母线保护经组网口跳Ⅰ线518断路器，非“直采直跳”方式。

3.4.4 案例分析

现场检修人员核对110kV所有GOOSE断链信号时发现，除518间隔以外，拔掉其余间隔母线差动直跳尾纤，后台均正常发出合智一体装置接收母线保护GOOGSE断链信号。拔掉Ⅰ线518合智一体装置母线差动直跳尾纤时，后台无任何信号，当拔掉518合智一体装置组网尾纤时，后台同时点亮“518合智一体收测控GOOGSE断链”“518合智一体收母线保护GOOGSE断链”光字牌，因此怀疑518合智一体装置光口配置存在错误。

当拔掉518合智一体装置组网尾纤后，进行母线保护传动，智能终端跳闸灯不亮，518断路器未跳开。恢复组网尾纤，拔掉110kV母线保护直跳Ⅰ线518合智一体装置尾纤，进行母线保护传动，智能终端跳闸灯点亮，518断路器跳开。

检修人员随后对518合智一体装置进行配置文件检查，发现518合智一体接收测控数据包（PL1103）配置在光口4（组网口），如图3-4-1所示。

图3-4-1　合智一体收测控GOOSE配置于光口4

进一步检查发现，110kV母线保护直跳518合智一体装置数据包（PM1101）配置在光口4（组网口），与测控GOOSE配置于同一光口，如图3-4-2所示。


```
</GCB>
<GCB IEDName="PM1101" DESC="110kV母线保护(SGB-750AL-DA-G):GOOSE过程层LD:GOOSE信号" GcRef="PM1101PIGO/LLN0$GC$gocb1" DatasetRef="PM1101PIGO/LLN0$dsGOOSE1"
  <NET Num="1" Type="ALONE">
    <Address>
      <PORT>4</PORT>      ← 智能终端接收母线保护应该配置3口直跳口，而现场配置了通过4口组网口收母线保护跳闸
      <DST_MAC>01-0C-CD-01-00-62</DST_MAC>
    </Address>
  </NET>
  <DATASET>
    <FCDA INDEX="1" ORDINAL="55" TYPE="BOOL" LEAF="PM1101PIGO/BusPTRC1$ST$Tr$general" />
    <FCDA INDEX="2" ORDINAL="56" TYPE="BOOL" LEAF="PM1101PIGO/BusPTRC2$ST$Tr$general" />
    <FCDA INDEX="3" ORDINAL="57" TYPE="BOOL" LEAF="PM1101PIGO/BusPTRC2$ST$StrBF$general" />
    <FCDA INDEX="4" ORDINAL="58" TYPE="BOOL" LEAF="PM1101PIGO/BusPTRC3$ST$Tr$general" />
    <FCDA INDEX="5" ORDINAL="59" TYPE="BOOL" LEAF="PM1101PIGO/BusPTRC3$ST$StrBF$general" />
    <FCDA INDEX="6" ORDINAL="60" TYPE="BOOL" LEAF="PM1101PIGO/BusPTRC4$ST$Tr$general" />
    <FCDA INDEX="7" ORDINAL="61" TYPE="BOOL" LEAF="PM1101PIGO/BusPTRC22$ST$Tr$general" />
    <FCDA INDEX="8" ORDINAL="62" TYPE="BOOL" LEAF="PM1101PIGO/BusPTRC5$ST$Tr$general" />
    <FCDA INDEX="9" ORDINAL="63" TYPE="BOOL" LEAF="PM1101PIGO/BusPTRC23$ST$Tr$general" />
    <FCDA INDEX="10" ORDINAL="64" TYPE="BOOL" LEAF="PM1101PIGO/BusPTRC6$ST$Tr$general" />
    <FCDA INDEX="11" ORDINAL="65" TYPE="BOOL" LEAF="PM1101PIGO/BusPTRC7$ST$Tr$general" />
    <FCDA INDEX="12" ORDINAL="66" TYPE="BOOL" LEAF="PM1101PIGO/BusPTRC8$ST$Tr$general" />
    <FCDA INDEX="13" ORDINAL="67" TYPE="BOOL" LEAF="PM1101PIGO/BusPTRC9$ST$Tr$general" />
    <FCDA INDEX="14" ORDINAL="68" TYPE="BOOL" LEAF="PM1101PIGO/BusPTRC10$ST$Tr$general" />
    <FCDA INDEX="15" ORDINAL="69" TYPE="BOOL" LEAF="PM1101PIGO/BusPTRC11$ST$Tr$general" />
    <FCDA INDEX="16" ORDINAL="70" TYPE="BOOL" LEAF="PM1101PIGO/BusPTRC12$ST$Tr$general" DESC="PM1101支路12_保护跳闸" />
    <FCDA INDEX="17" ORDINAL="71" TYPE="BOOL" LEAF="PM1101PIGO/BusPTRC13$ST$Tr$general" />
    <FCDA INDEX="18" ORDINAL="72" TYPE="BOOL" LEAF="PM1101PIGO/BusPTRC14$ST$Tr$general" />
```


图3-4-2　合智一体收母差GOOSE配置于光口4

通过GOOSE断链信号核对、母线差动保护跳518断路器回路试验及配置文件检查，确认518合智一体装置接收110kV母线保护直跳GOOSE光口配置错误。母线差动保护组网跳518合智一体装置，GOOSE命令需经过过程层中心交换机及本间隔过程层交换机，回路可靠性降低，且延时较直跳增大，影响保护可靠性及速动性。合智一体装置配置错误，后续检修过程隔离措施可能不到位，检修过程存在保护误动风险。修改518合智一体装置光口配置，将518合智一体装置接收110kV母线保护直跳GOOSE光口配置于光口3，如图3-4-3所示，再次进行GOOSE断链信号核对及开关传动试验，试验结果正确。

```
    </DATASET>
  </GCB>
  <GCB IEDName="PM1101" DESC="110kV母线保护(SGB-750AL-DA-G):GOOSE过程层LD:GOOSE信号" GcRef="PM1101PIGO/LLN0$GC$gocb1" DatasetRef="PM1101PIGO/LLN0$dsGOOSE1" (
    <NET Num="1" Type="ALONE">
      <Address>
        <PORT>3</PORT>
        <DST_MAC>01-0C-CD-01-00-62</DST_MAC>
      </Address>
    </NET>
    <DATASET>
      <FCDA INDEX="1" ORDINAL="55" TYPE="BOOL" LEAF="PM1101PIGO/BusPTRC1$ST$Tr$general" />
      <FCDA INDEX="2" ORDINAL="56" TYPE="BOOL" LEAF="PM1101PIGO/BusPTRC2$ST$Tr$general" />
      <FCDA INDEX="3" ORDINAL="57" TYPE="BOOL" LEAF="PM1101PIGO/BusPTRC2$ST$StrBF$general" />
      <FCDA INDEX="4" ORDINAL="58" TYPE="BOOL" LEAF="PM1101PIGO/BusPTRC3$ST$Tr$general" />
      <FCDA INDEX="5" ORDINAL="59" TYPE="BOOL" LEAF="PM1101PIGO/BusPTRC3$ST$StrBF$general" />
      <FCDA INDEX="6" ORDINAL="60" TYPE="BOOL" LEAF="PM1101PIGO/BusPTRC4$ST$Tr$general" />
      <FCDA INDEX="7" ORDINAL="61" TYPE="BOOL" LEAF="PM1101PIGO/BusPTRC22$ST$Tr$general" />
      <FCDA INDEX="8" ORDINAL="62" TYPE="BOOL" LEAF="PM1101PIGO/BusPTRC5$ST$Tr$general" />
      <FCDA INDEX="9" ORDINAL="63" TYPE="BOOL" LEAF="PM1101PIGO/BusPTRC23$ST$Tr$general" />
      <FCDA INDEX="10" ORDINAL="64" TYPE="BOOL" LEAF="PM1101PIGO/BusPTRC6$ST$Tr$general" />
      <FCDA INDEX="11" ORDINAL="65" TYPE="BOOL" LEAF="PM1101PIGO/BusPTRC7$ST$Tr$general" />
      <FCDA INDEX="12" ORDINAL="66" TYPE="BOOL" LEAF="PM1101PIGO/BusPTRC8$ST$Tr$general" />
      <FCDA INDEX="13" ORDINAL="67" TYPE="BOOL" LEAF="PM1101PIGO/BusPTRC9$ST$Tr$general" />
      <FCDA INDEX="14" ORDINAL="68" TYPE="BOOL" LEAF="PM1101PIGO/BusPTRC10$ST$Tr$general" />
      <FCDA INDEX="15" ORDINAL="69" TYPE="BOOL" LEAF="PM1101PIGO/BusPTRC11$ST$Tr$general" />
      <FCDA INDEX="16" ORDINAL="70" TYPE="BOOL" LEAF="PM1101PIGO/BusPTRC12$ST$Tr$general" DESC="PM1101支路12_保护跳闸" />
      <FCDA INDEX="17" ORDINAL="71" TYPE="BOOL" LEAF="PM1101PIGO/BusPTRC13$ST$Tr$general" />
      <FCDA INDEX="18" ORDINAL="72" TYPE="BOOL" LEAF="PM1101PIGO/BusPTRC14$ST$Tr$general" />
```


图3-4-3 合智一体收母差GOOSE配置于光口3

3.4.5 监督意见及要求

（1）基建验收阶段：提前与施工单位沟通，完成光缆、尾纤标示标签再进行SV、GOOSE断链信号验收。

（2）运维检修阶段：严格按照调试大纲进行，SV、GOOSE断链信号应逐一核对，确保回路和信号的正确性和唯一性。

（3）加强智能站SCD文件错误排查能力及力度。

3.5 220kV变电站断路器防跳回路设计缺陷问题分析

- 监督专业：继电保护
- 设备类别：断路器
- 发现环节：中间验收
- 问题来源：设备制造

3.5.1 监督依据

国家电网企管〔2022〕29号《高压设备二次回路标准化设计规范》

3.5.2 违反条款

依据国家电网企管〔2022〕29号《高压设备二次回路标准化设计规范》5.4.2规定，压力闭锁等触点在控制回路中的串接位置应合理，确保不会断开已动作保持的防跳回路。在防跳继电器动作保持时，不应出现压力波动等因素导致防跳继电器返回。防跳继电器非启动端应与控制电源负极直接连接，中间不应串接其他触点。

依据国家电网企管〔2022〕29号《高压设备二次回路标准化设计规范》5.4.3规定，防跳回路应与断路器操作箱回路相配合，操作箱跳闸位置监视回路应串接断路器动断+防跳继电器动断组合触点，且跳闸位置监视回路应能正确反映就地远方切换把手状态。

3.5.3 案例简介

2022年7月25日，检修人员对220kV 608线路间隔进行跟班验收的过程中发现，在进行分位防跳试验时断路器合上后无法分开，同时断路器在分位时低气压闭锁及弹簧未储能状态均无法触发控制回路断线告警，后台信号如图3-5-1所示。通过查阅图纸对操作回路进行排查，发现该故障是由断路器操作回路设计存在重大缺陷引起的。检修人员将导致该现象的辅助接触器的电源线解出后进行了多次试验，试验验证防跳功能和监视回路均恢复正常。

测越限 2022/07/25 10:00:22 遥测越限 220kV豹南山站 110kV母线有功不平衡量 由复归 到越操作下限 值:-5.62
测越限 2022/07/25 10:00:36 越限恢复 220kV豹南山站 110kV母线有功不平衡量 由越操作下限 到复归 值:-4.96
测越限 2022/07/25 10:02:02 遥测越限 220kV豹南山站 110kV母线有功不平衡量 由复归 到越操作下限 值:-5.65
测越限 2022/07/25 10:02:11 越限恢复 220kV豹南山站 110kV母线有功不平衡量 由越操作下限 到复归 值:-4.69
测越限 2022/07/25 10:03:22 遥测越限 220kV豹南山站 110kV母线有功不平衡量 由复归 到越操作下限 值:-5.52
测越限 2022/07/25 10:03:26 越限恢复 220kV豹南山站 110kV母线有功不平衡量 由越操作下限 到复归 值:-4.87
测越限 2022/07/25 10:04:12 遥测越限 220kV豹南山站 110kV母线有功不平衡量 由复归 到越操作下限 值:-5.51
测越限 2022/07/25 10:04:36 越限恢复 220kV豹南山站 110kV母线有功不平衡量 由越操作下限 到复归 值:-4.44
测越限 2022/07/25 10:05:02 遥测越限 220kV豹南山站 110kV母线有功不平衡量 由复归 到越操作下限 值:-5.37
测越限 2022/07/25 10:05:11 越限恢复 220kV豹南山站 110kV母线有功不平衡量 由越操作下限 到复归 值:-4.97
测越限 2022/07/25 10:06:02 遥测越限 220kV豹南山站 110kV母线有功不平衡量 由复归 到越操作下限 值:-5.44
测越限 2022/07/25 10:06:11 越限恢复 220kV豹南山站 110kV母线有功不平衡量 由越操作下限 到复归 值:-4.49
态变化 2022/07/25 10:07:24 状态变化 220kV豹南山站 豹铜Ⅱ线622断路器SF6气压低告警 告警 动作次数:1
态变化 2022/07/25 10:07:25 状态变化 220kV豹南山站 豹铜Ⅱ线622断路器SF6气压低闭锁 告警 动作次数:1
态变化 2022/07/25 10:08:21 状态变化 220kV豹南山站 豹铜Ⅱ线622断路器SF6气压低闭锁 复归 持续时间:56秒 动作次数:1
态变化 2022/07/25 10:08:37 状态变化 220kV豹南山站 豹铜Ⅱ线622断路器SF6气压低告警 复归 持续时间:1分13秒 动作次数:1
测越限 2022/07/25 10:09:42 遥测越限 220kV豹南山站 110kV母线有功不平衡量 由复归 到越操作下限 值:-5.40
测越限 2022/07/25 10:09:46 越限恢复 220kV豹南山站 110kV母线有功不平衡量 由越操作下限 到复归 值:-4.39
测越限 2022/07/25 10:14:22 遥测越限 220kV豹南山站 110kV母线有功不平衡量 由复归 到越操作下限 值:-5.53
测越限 2022/07/25 10:14:26 越限恢复 220kV豹南山站 110kV母线有功不平衡量 由越操作下限 到复归 值:-4.59
测越限 2022/07/25 10:21:33 遥测越限 220kV豹南山站 110kV母线有功不平衡量 由复归 到越操作下限 值:-5.98
测越限 2022/07/25 10:22:31 越限恢复 220kV豹南山站 110kV母线有功不平衡量 由越操作下限 到复归 值:-4.06
测越限 2022/07/25 10:26:03 遥测越限 220kV豹南山站 110kV母线有功不平衡量 由复归 到越操作下限 值:-5.02
测越限 2022/07/25 10:27:11 越限恢复 220kV豹南山站 110kV母线有功不平衡量 由越操作下限 到复归 值:-4.97
态变化 2022/07/25 10:27:32 状态变化 220kV豹南山站 豹铜Ⅱ线622断路器第一组控制回路断线 告警 动作次数:3

图3-5-1 后台信号

3.5.4 案例分析

（1）现场检查情况。608线路间隔断路器其合闸回路如图3-5-2所示（A相）。正常情况下做防跳试验时，由于分合闸命令同时存在，防跳继电器K75LA动作，断开合闸回路并形成自保持，但不会断开分闸回路，因此断路器能正常分开。但由于该断路器在防跳继电器回路中并入了一个辅助接触器K11LA，该辅助接触器在合闸命令存在时会得电动作，且该辅助接触器的动断触点是串接在两组跳闸回路中的，如图3-5-3所示，因此导致合闸命令存在期间该继电器会动作并断开分闸回路。此种设计存在很大的安全隐患，当手合于故障且608断路器开关控制把手（KK）处发生黏连时，会导致断路器无法跳开，只能依赖上一级继电保护装置动作来隔离故障，扩大事故影响范围，严重危及电网设备安全。

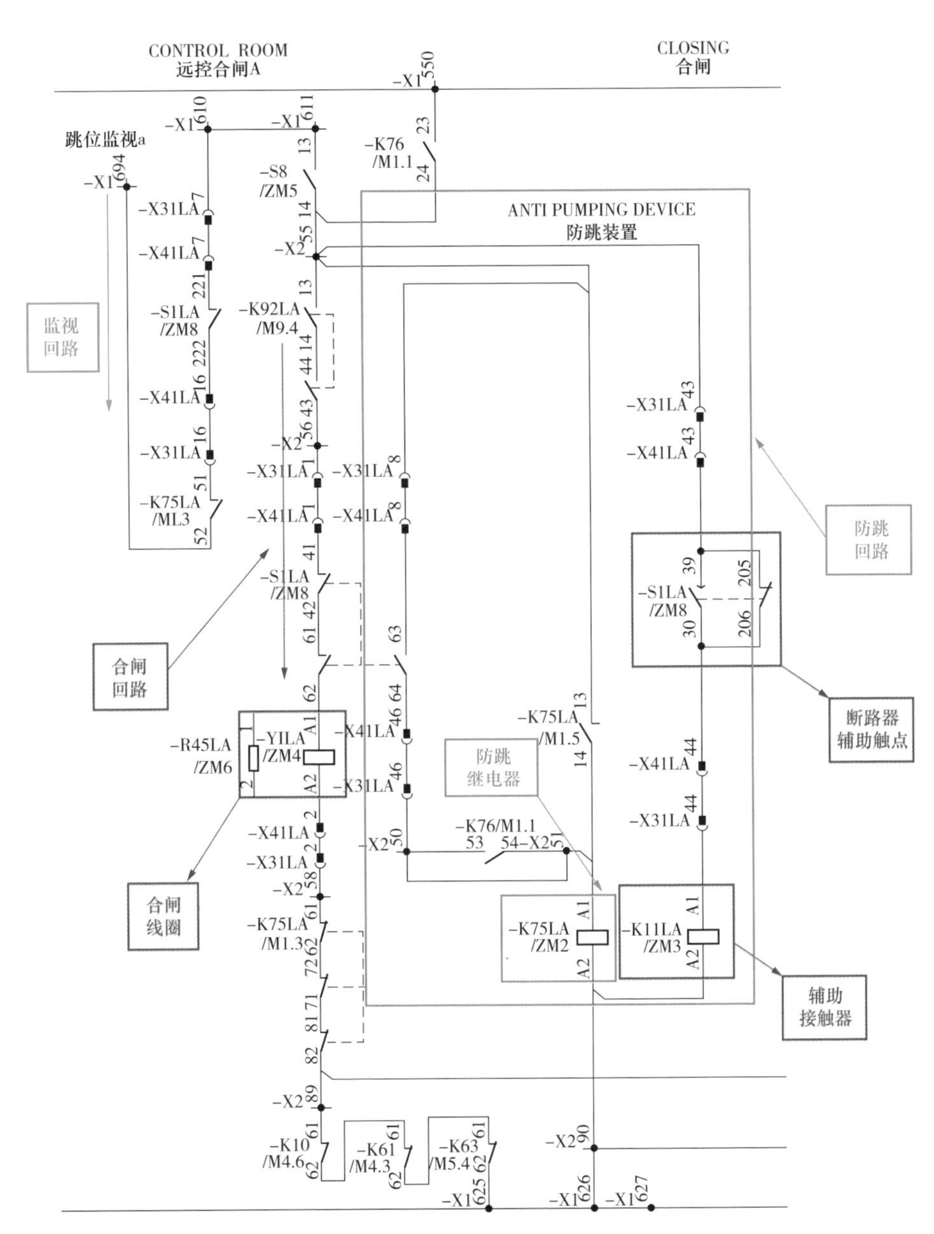

图3-5-2 断路器A相合闸及其防跳回路

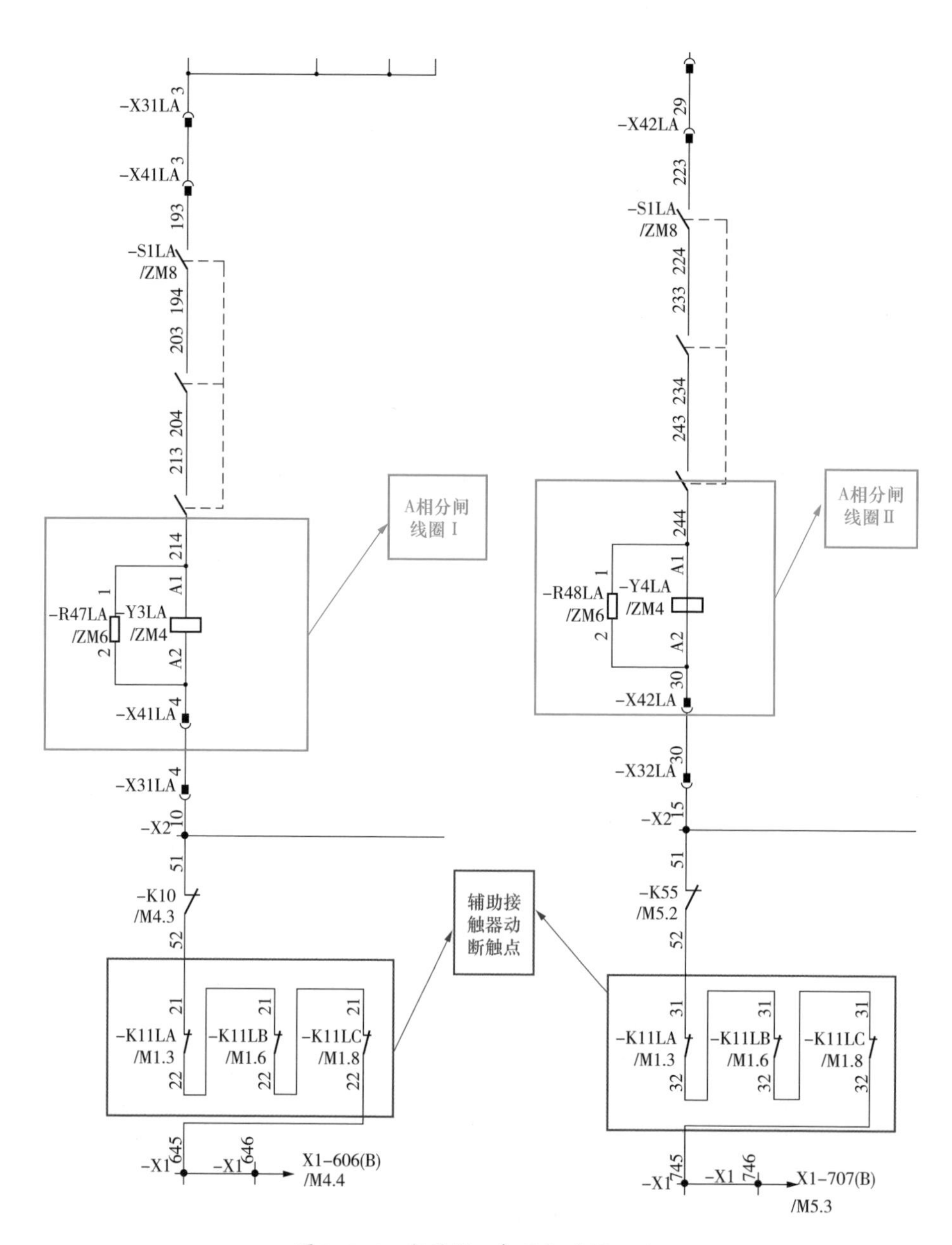

图3-5-3 断路器A相两组跳闸回路

断路器在分位状态下弹簧未储能和SF_6气压低闭锁无法触发控制回路断线告警信号，该缺陷是由于辅助接触器K11LA会与监视回路形成一个寄生回路，如图3-5-4所示，弹簧未储能节点和SF_6气压闭锁低触点均能将合闸回路断开，但无法断开该寄生回路，又由于回路参数配合不好，使得操作箱的跳位监视继电器励磁，进而导致分位灯点亮，且无控制回路断线的告警信号，但却无法手合断路器。

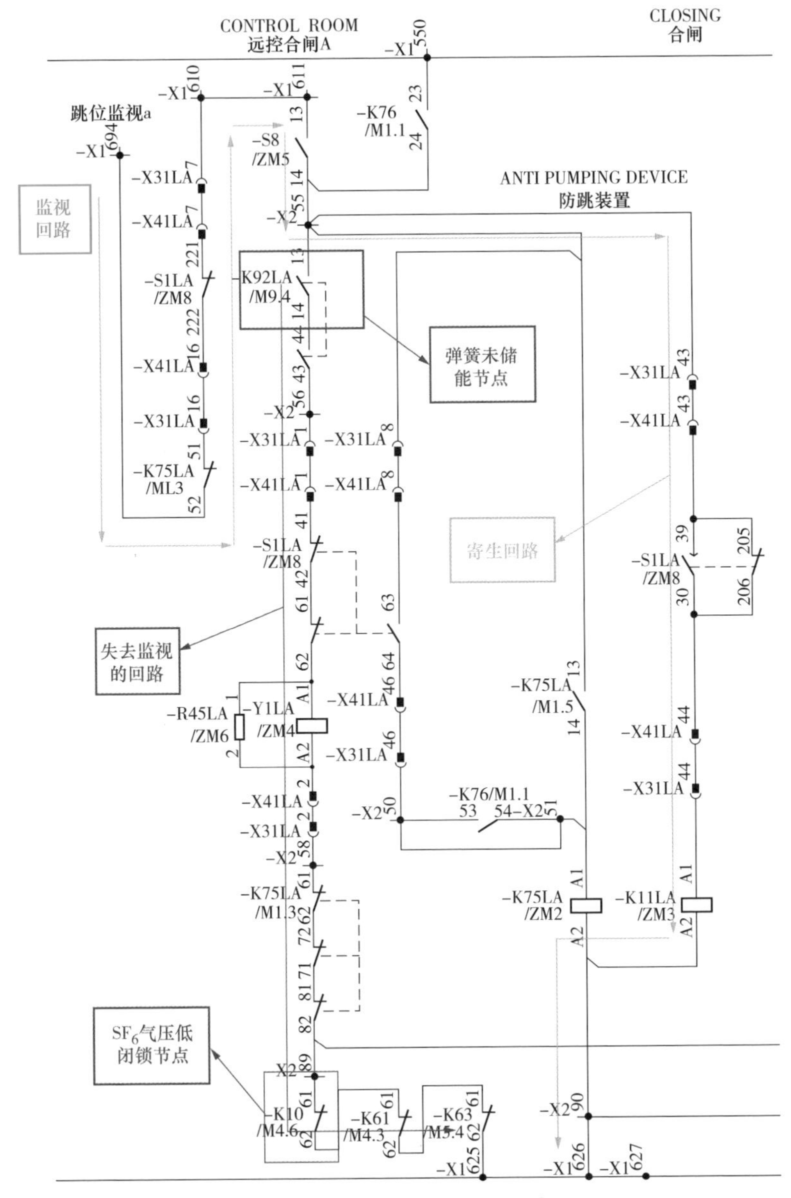

图3-5-4 分位控制回路断线告警寄生回路

（2）故障影响分析。咨询厂家得知，该辅助接触器的作用是在合闸期间断开分闸回路，防止分断电流过大损坏断路器，但此种设计一方面导致手合于故障，且触点出现黏连时由于断路器分闸回路被断开，保护动作无法跳开断路器，会扩大事故范围造成保护越级动作，给电网设备安全带来极大隐患；另一方面该辅助接触器的回路会与监视回路构成一个寄生回路，导致监视回路失去作用，在气压低闭锁和弹簧未储能状态下无法发出控制回路断线信号。

（3）处理措施。检修人员采取将三相断路器中的K11LA、K11LB、K11LC的正电源线解开的方法处理该缺陷，该方法既能防止K11L辅助接触器励磁，断开分闸回路；又能消除寄生回路。以A相为例解出X2-55A号端子中辅助接触器K11LA-A2正电源线，并将其接入端子排的空端子里，解线原理和处理后现场情况如图3-5-5所示。经过多次试验，断路器的防跳功能恢复正常，弹簧未储能，且SF_6气压低闭锁状态均能触发控制回路断线告警信号。

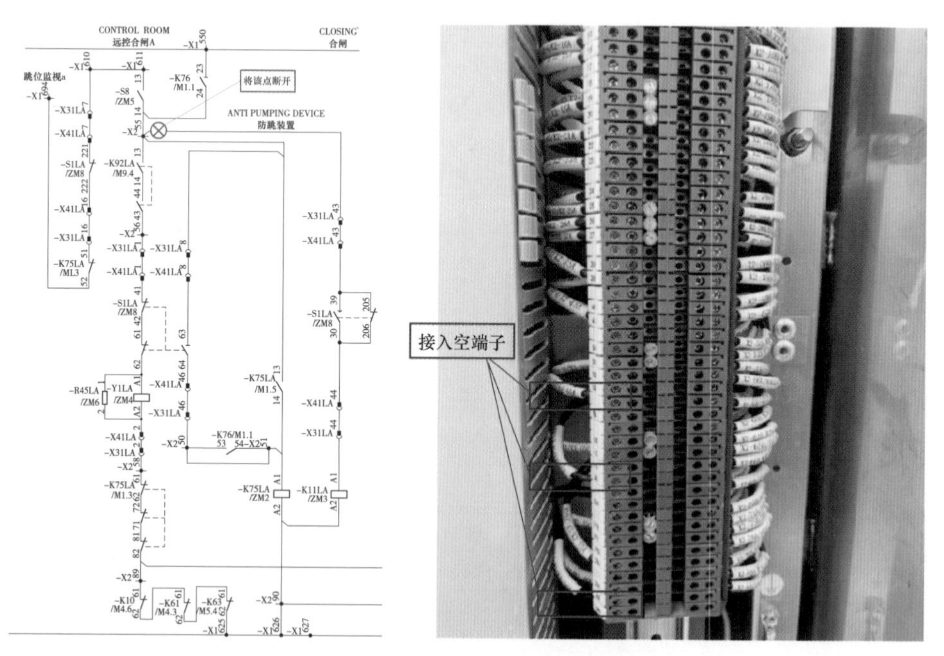

图3-5-5 解线原理及现场处理后情况

3.5.5 监督意见及要求

（1）对同型号的断路器进行排查，如发现同样存在该类型的缺陷可以参考该案例中的方法进行处理。

（2）对新建设备的验收要仔细认真，按照验收标准逐条进行，相关实验应做尽做。

3.6 220kV智能变电站110kV母线保护检修机制问题分析

- 监督专业：继电保护
- 设备类别：母线保护
- 发现环节：设备验收
- 问题来源：安装调试

3.6.1 监督依据

Q/GDW 11486—2015《智能变电站继电保护和安全自动装置验收规范》

3.6.2 违反条款

依据Q/GDW 11486—2015《智能变电站继电保护和安全自动装置验收规范》7.8.9规定，检修机制检查应满足以下要求：

（1）采样值（SV）接收端装置应将接收的SV报文中的检修品质位与装置自身的检修压板状态进行比较，只有两者一致时采样值才参与保护逻辑运算，不一致时只用于显示采样值，不参与保护逻辑运算。

（2）通用面向对象变电站事件（GOOSE）接收端装置应将接收的GOOSE报文中的检修品质位与装置自身的检修压板状态进行比较，只有两者一致时才将信号作为有效进行处理或动作。

（3）若母线合并单元检修投入，则其级联的间隔合并单元的发送数据中仅来自母线合并单元的通道数据应带检修标记。

（4）当接收装置的检修压板状态和收到报文的检修品质位不一致时，接收装置应有告警信号发出。

3.6.3 案例简介

2020年1月6日，检修人员在220kV变电站进行1号主变压器中压侧510间隔（一期运行设备，合并单元和智能终端型号分别为PCS-221和PCS-222）接入110kV母线差动保护（本期扩建设备型号为LCS-6679AL-DA-G，版本号为V1.13，校验码为C78A45DEH）工作。在进行检修机制配合性能测试时发现：

（1）当合并单元、智能终端、母线保护均不投检修，在合并单元端子排加量使母线保护动作时，保护正确动作，智能终端正确出口。

（2）当合并单元投检修，智能终端和母线保护均不投检修，再次加量（除检修压板状态变化外，其余条件均不变的情况下），保护报SV检修不一致报文，保护动作，智能终端出口。

（3）当智能终端投检修，合并单元和母线保护均不投检修，再次加量（除检修压板状态变化外，其余条件均不变的情况下），保护报GOOSE检修不一致报文，保护动作，智能终端不出口。

（4）当母线保护投检修，合并单元和智能终端均不投检修，再次加量（除检修压板状态变化外，其余条件均不变的情况下），保护报SV、GOOSE检修不一致报文，亮差动保护闭锁灯，保护不动作，智能终端不出口。

（5）当合并单元、智能终端和母线保护均投检修，再次加量（除检修压板状态变化外，其余条件均不变的情况下），保护亮差动保护闭锁灯，保护不动作，智能终端不出口。

对上述母线保护上述现象进行归纳，测试统计结果见表3-6-1，并得出以下结论：

1）母线保护装置检修不一致时触发的报文正确。

2）母线保护装置不管检修是否一致，仅在自身投检修时闭锁保护，而在自身不投检修时不闭锁保护。母线保护装置检修不一致保护处理逻辑不正确。

表3-6-1　检修机制配合性能测试统计

状态	合并单元（MT）	智能终端（IT）	母线保护（PM）	状态	母线保护动作	智能终端出口
测试状态	0	0	0	母线保护动作和智能终端出口状态	1	1
	1	0	0		1	1
	0	0	1		1	0
	0	1	0		0	0
	1	1	1		0	0

3.6.4 案例分析

厂家研发人员对该LCS-6679AL-DA-G型母线保护的程序和配置进行测试，发现该装置配置文件无问题，问题在于其装置MCU通信板卡上的MCU程序对合并单元侧SV检修品质位判别条件有遗漏，MCU不能正确判别SV报文是否带有检修品质位，其上送到主程序进行处理的报文不带检修品质位，进而导致主程序误动作出口（MCU为保护装置对下过程层通信程序代码，属于硬件与主程序之间内部通信的扩展程序）。该母线保护检修机制存在重大缺陷，严重违反了Q/GWD 1810—2012《智能变电站继电保护检验测试规范》的技术要求，若不及时发现和处置，在进行智能站检修工作时极易造成“三误”（误碰、误接线、误整定）事件，导致电网重大损失。

厂家对该型号保护装置的出厂校验不全面，在厂内调试阶段未能发现程序代码有缺陷，导致流入市场的产品带有重大隐患，出厂品控不严是导致此次事件的主要原因。同时施工方调试漏项，未及时发现该装置检修机制的重大缺陷，导致在进行母线差动保护接入过程中才发现问题，使后续设备的投产计划面临十分被动的局面。另外，对于该型号保护装置扩展程序版本（无单独版本号校验码且其变更不影响主程序版本号和校验码）未建档，该扩展程序的变更状况及应用范围尚不可考，该公司其余在运产品是否存在此类隐患问题需进一步调查。

对此，供电公司计划对LCS-6679AL-DA-G型母线保护MCU扩展程序代码进行修改和相关功能的全面测试，由现场厂家调试人员对该装置进行软件升级（扩展程序的升级不会导致主程序的版本号和校验码的改变），杜绝该型号母线保护带隐患投入运行。

3.6.5 监督意见及要求

（1）设备厂家应严格把控设备质量，设备出厂之前应进行全面细致的出厂检验，确保设备质量可靠。

（2）施工方应加强调试质量的管控，做到不缺项漏项，确保设备调试结论的正确性、可靠性。

（3）检修单位应加强对入网设备的验收把关，严格按照验收作业指导书各项要求进行验收的各项工作。

（4）由于厂家未对扩展程序建档，无法追溯有缺陷的扩展程序的应用情况，需对该公司在运的此类产品进行排查，确保不存在检修机制错误的问题。

（5）建议将与保护逻辑及通信相关的程序纳入版本管理范围，加强对软件版本的管控，做到对有缺陷设备的精准定位和及时升级修复处理。

3.7 220kV变电站二次回路异常事故分析

- 监督专业：继电保护
- 设备类别：交直流系统
- 发现环节：运维检修
- 问题来源：安装调试

3.7.1 监督依据

国家电网设备〔2018〕979号《国家电网有限公司十八项电网重大反事故措施（修订版）》

3.7.2 违反条款

依据国家电网设备〔2018〕979号《国家电网有限公司十八项电网重大反事故措施（修订版）》15.6.11规定，在运行和检修中应加强对直流系统的管理，严格执行有关规程、规定及反事故措施，防止直流系统故障，特别要防止交流串入直流回路，造成电网事故。

3.7.3 案例简介

某220kV变电站新扩建10kV出线开关柜，配套新增了一台小电流接地选线设备。检修人员对工程进行竣工验收时发现，新增的小电流接地选线装置屏柜内二次回路会导致交串直，严重违反了国家电网设备〔2018〕979号《国家电网有限公司十八项电网重大反事故措施（修订版）》的规定。变电二次检修班对新增设备进行验收，当验收到新扩建的小电流接地选线装置时，发现屏柜内信号公共端厂家内部线只接了2ZK-2这一根芯线，如图3-7-1所示。验收人员根据专业经验发现这一现象不正常，而且ZK一般为空气断路器的标识，不是装置内部线标识，所以凭借着专业敏感性，验收人员继续进行了深入检查和分析。验收人员随即向施工人员要来厂家内部图纸及设计图纸，如

图3-7-2所示，检查发现此“2ZK-2”芯线如当初判断，接到了2ZK这一空气断路器的下端头，如图3-7-3所示。顺着回路继续检查，发现空气断路器上端头接到了交流端子排上，如图3-7-4所示。

图3-7-1　小电流接地选线装置端子排

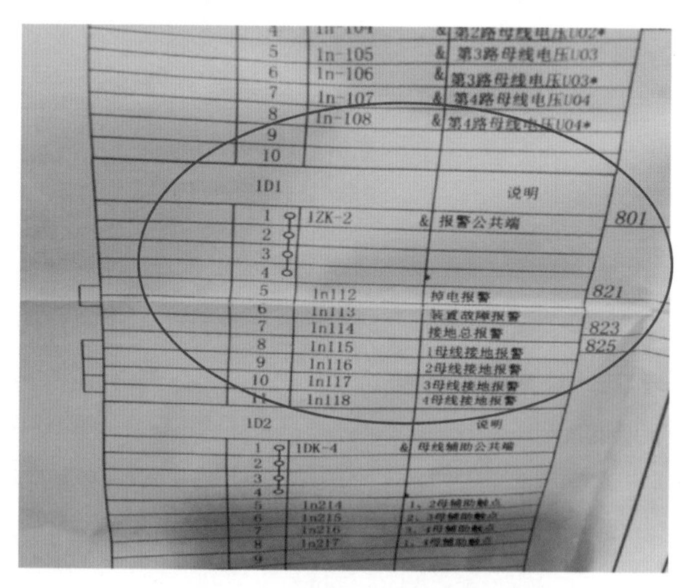

图3-7-2　小电流接地选线装置设计图纸

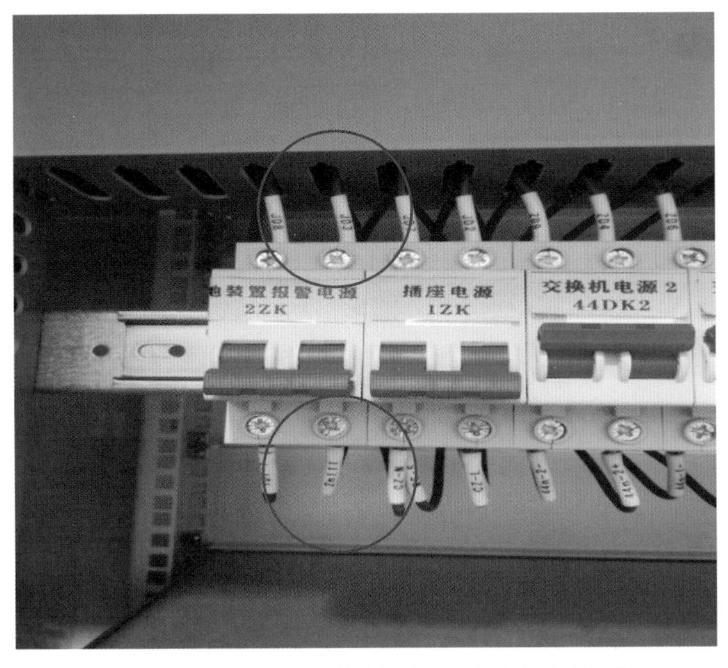

图 3-7-3 小电流接地选线装置 2ZK 空气断路器接线

接到了交流端子排上“2ZK-1”

图 3-7-4 小电流接地选线装置交流端子排

3.7.4 案例分析

上述介绍已经很明显地证实了该屏的信号公共端（直流电源）接到了交流端子排上，已导致交串直这一严重后果。验收人员随后进行了全面检查，对整个二次回路进行了梳理，发现外部信号公共端接到了交流的中性线上，信号线接到了交流的相线上。接线示意图如图3–7–5所示，装置背板如图3–7–6所示。

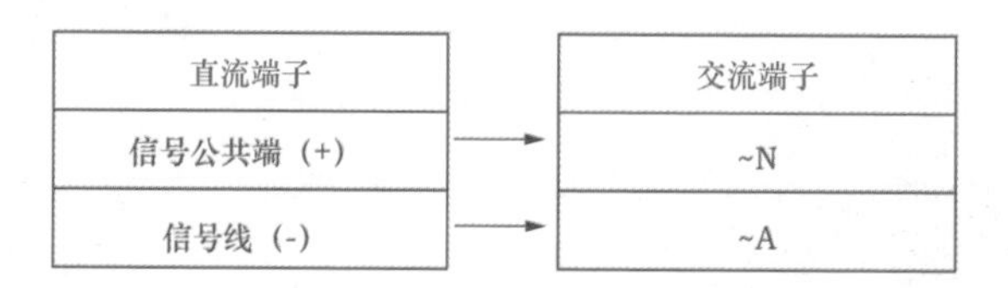

图3–7–5　小电流接地选线装置信号线和交流接线示意图

图3–7–6　小电流接地选线装置背板

由于小电流接地选线装置调试过程中暂时不需要交流，所以交流一直未搭火送电，该故障尚未造成影响。在设备验收过程中，二次验收人员凭借专业敏感性，发现了该情况严重违反国家电网设备〔2018〕979号《国家电网有限公司十八项电网重大反事故措施（修订版）》15.6.11规定，在运行和检修中应加强对直流系统的管理，严格执行有关规程、规定及反事故措施，防止直流系统故障，特别要防止交流串入直流回路，造成电网事故。

3.7.5 监督意见及要求

（1）对同批次入网的该型小电流接地选线装置进行全面排查，杜绝隐患。

（2）虽然基建工程点多面广，全过程管理有一定的压力，但运维检修单位应充分运用技术监督的支撑效应，严格管控各个现场工程质量，对此类违反反事故措施的问题发现一处整改一处，绝不能带病入网。

3.8 220kV线路间隔保护控制电缆绝缘严重降低案例分析

- 监督专业：继电保护
- 设备类别：二次电缆
- 发现环节：运维检修
- 问题来源：安装调试

3.8.1 监督依据

国家电网设备〔2018〕979号《国家电网有限公司十八项电网重大反事故措施（修订版）》

3.8.2 违反条款

依据国家电网设备〔2018〕979号《国家电网有限公司十八项电网重大反事故措施（修订版）》15.1.4规定，220kV及以上电压等级线路、变压器、母线、高压电抗器、串联电容器补偿装置等输变电设备的保护应按双重化配置，相关断路器的选型应与保护双重化配置相适应。

3.8.3 案例简介

2021年12月22—23日，二次检修人员在某220kV变电站对220kV线路606间隔进行例行检修试验，在开展二次回路绝缘测试时，发现控制电缆绝缘严重降低，使用绝缘电阻表1000V挡位分别对第一组操作回路及第二组操作回路各芯线进行对地绝缘电阻测试，测得阻值仅为0.6～0.8MΩ，部分芯线对地绝缘电阻甚至降至0Ω，二次检修人员立即排查回路绝缘薄弱点并对损坏二次电缆进行更换，成功规避了一起220kV线路保护不正确动作的电网事件发生。

3.8.4 案例分析

二次检修人员在执行完毕二次安措并断开保护屏所有操作插件及电源后，对第一组操作回路的101I、102I、107A、107B、107C、137A、137B、137C逐一测试对地绝缘电阻，均不满足“定期检验时，使用1000V绝缘电阻表测量强电回路对地的绝缘电阻应大于1MΩ的要求”，其中101I对地的绝缘电阻已降至0Ω，对第二组操作回路进行绝缘测试的结果同样不满足相关要求。控制电缆走向如图3-8-1所示。

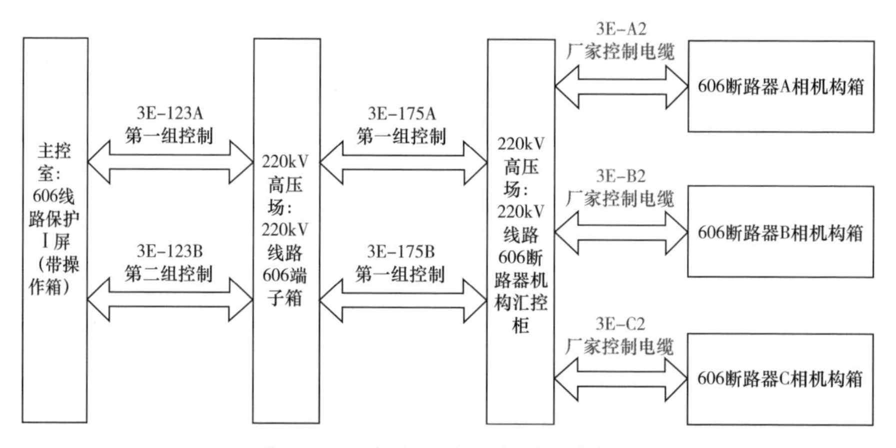

图3-8-1 线路606间隔控制电缆走向

为确定故障点、排除控制回路中断路器机构二次元器件绝缘降低的影响，二次检修人员将控制回路分段从端子箱、断路器汇控柜、断路器三相机构箱的端子排处逐一解开再分别进行绝缘测试。测试结果见表3-8-1，从表中可以看到控制回路的绝缘故障点存在于断路器汇控柜到断路器三相机构箱之间，即3E-A2、3E-B2、3E-C2三根厂家提供的控制电缆。

表3-8-1 控制电缆对地绝缘测试数据

芯号 3E-123A	101I	107A	107B	107C	137AI	137BI	137CI	102I		
数据	2.1GΩ	超量程	2.2GΩ	超量程	超量程	超量程	超量程	超量程		
芯号 3E-123B	101 Ⅱ	137AII	137BII	137CII	102 Ⅱ					
数据	2.3GΩ	超量程	超量程	超量程	超量程					
芯号 3E-175A	101I	107A	107B	107C	137AI	137BI	137CI	102I		
数据	超量程	1.9GΩ	1.7GΩ	超量程	超量程	超量程	超量程	超量程		
芯号 3E-175B	101 Ⅱ	137AII	137BII	137CII	102 Ⅱ					
数据	超量程	超量程	2.0GΩ	超量程	超量程					
芯号 3E-A2	X01:1	X01:2	X01:3	X01:4	X01:5	X01:6	X01:7	X01:8	X01:9	X01:10
数据	0MΩ	0.6MΩ	2.5MΩ	0.8MΩ	0.7MΩ	0.7MΩ	1.2MΩ	0.3MΩ	1.1MΩ	1MΩ
芯号 3E-B2	X01:1	X01:2	X01:3	X01:4	X01:5	X01:6	X01:7	X01:8	X01:9	X01:10
数据	0.6MΩ	0.7MΩ	0.8MΩ	0.9MΩ	0MΩ	0.6MΩ	0.9MΩ	1.5MΩ	1.9MΩ	2.3MΩ
芯号 3E-C2	X01:1	X01:2	X01:3	X01:4	X01:5	X01:6	X01:7	X01:8	X01:9	X01:10
数据	1.1MΩ	0.6MΩ	0.9MΩ	1.4MΩ	2.5MΩ	2.7MΩ	2.1MΩ	0.6MΩ	0MΩ	0.9MΩ

二次人员随即对断路器汇控柜至三相机构箱的控制电缆进行了拆除及更换，此段电缆由断路器厂家提供，在断路器安装时由断路器厂家将其穿入机构箱及汇控柜并现场制作二次电缆头，再接入调试。从拆解的二次电缆头来看，安装施工时厂家人员的二次电缆头制作工艺较差，存在机械损伤，屏蔽层接地线绑扎粗糙，甚至刺伤芯线绝缘层；加之220kV变电站处于高污秽等级地区，二次电缆腐蚀严重，在二次电缆外绝缘护套与芯线绝缘层之间已布满霉变物质。该电缆无钢铠保护，且芯线为多股铜丝绞合的软芯电缆，电缆绝缘层上已附着许多白色氧化物，特别是靠近封堵的二次电缆头处的芯线腐蚀尤为明显，如图3-8-2所示。现已将此电缆头剪下送电科院做进一步成分分析检测。

通过该次例行检修，找到了该220kV变电站多次直流接地故障的根本原因。控制电缆绝缘降低时，极易导致操作正电101芯线与137芯线短路，造成断路器某一相或者多相发生偷跳事故，并且高铁供电线路均不投重合闸，大部分时间高铁供电线路仅在高铁经过时才有两相电流或者无电流，此种情况将直接导致线路型辅助保护装置的非全相保护拒动（该断路器机构非全相跳闸回路不满足国家电网设备〔2018〕979号《国家电网有限公司十八项电网重大反事故措施（修订版）》对220kV电压等级跳闸回路双重化的相关要求，因此采用辅助保护装置实现非全相保护），在线路偷跳后仅有一相或者两相带电的情况下，将影响高铁牵引变电站内的备用电源自动投入装置的无压检测动作逻辑，严重时牵引变电站的备用电源自动投入装置可能无法正确切换到备供电源，导致牵引变电站停电时间延长，高铁停运甚至设备损坏，造成极为恶劣的社会影响。

对退出的二次电缆进行检查，初步分析二次电缆头制作工艺、电缆材质及汇控柜运行环境是此次控制电缆绝缘损坏的主要因素。此次应急更换的电缆使用了满足入网要求的带钢铠保护层的单股多芯硬电缆，并按标准化工艺流程制作二次电缆头，确保二次电缆绝缘层不受破坏。在汇控柜封堵方面，

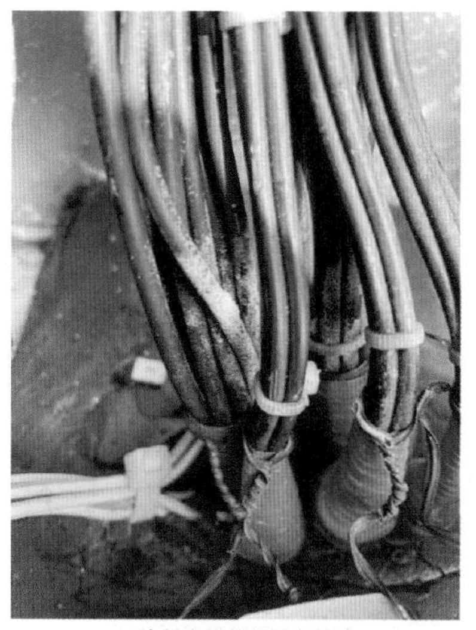

(a)控制电缆外部霉变情况

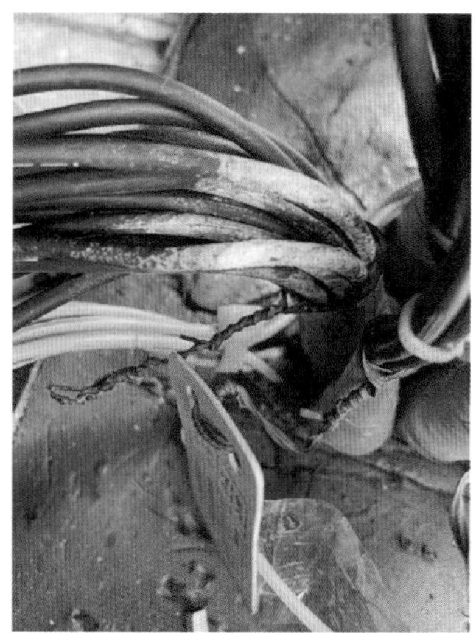

(b)控制电缆外部附着白色氧化物

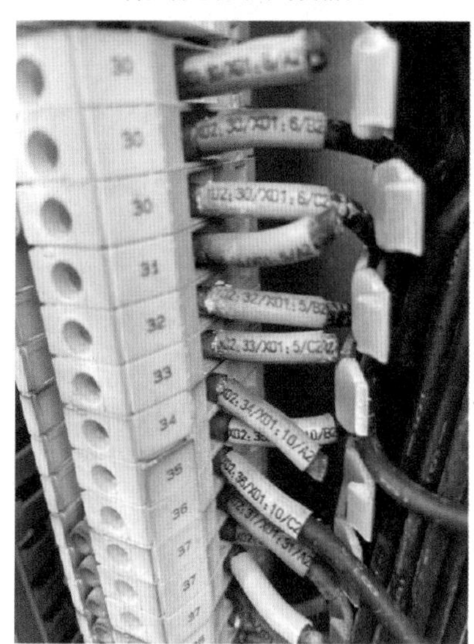

(c)芯线腐蚀受损情况

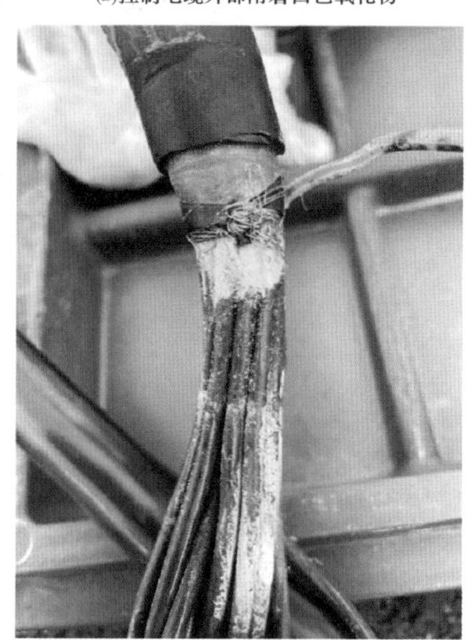

(d)封堵二次电缆头处腐蚀情况

图 3-8-2 线路606断路器汇控柜控制电缆受损情况

重新更换了防火堵料，确保汇控柜封堵严实，避免潮气等腐蚀性物质的侵入。对加热驱潮装置也同步进行了检查，发热板工作正常。

更换后重新对整个控制回路按《二次电缆检修试验标准化作业指导书》的相关要求进行绝缘测试，测试结果均满足投产要求，如图3-8-3所示，23日晚复电后无异常信号。

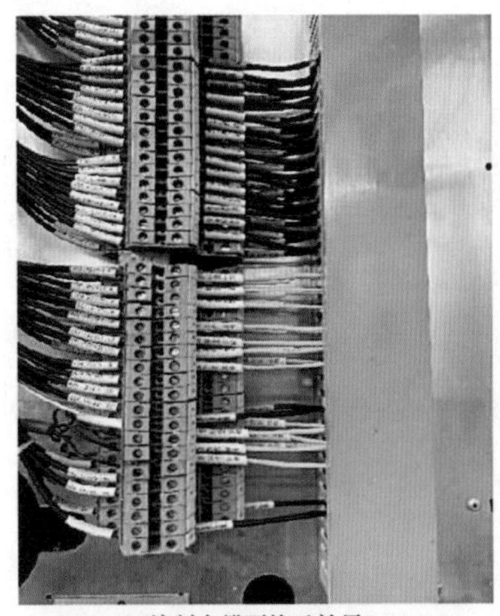
(a)控制电缆更换后效果1

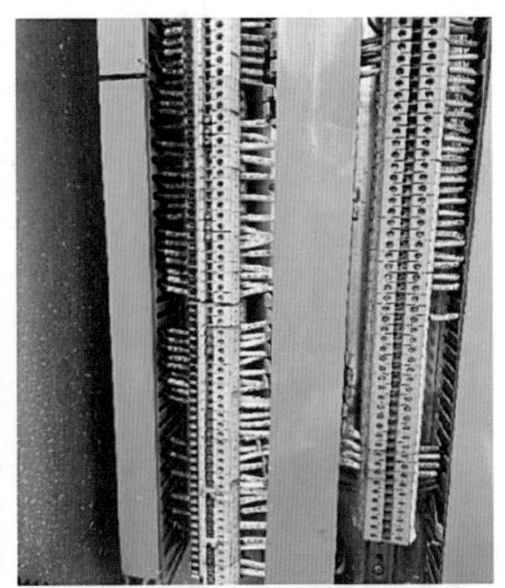
(b)控制电缆更换后效果2

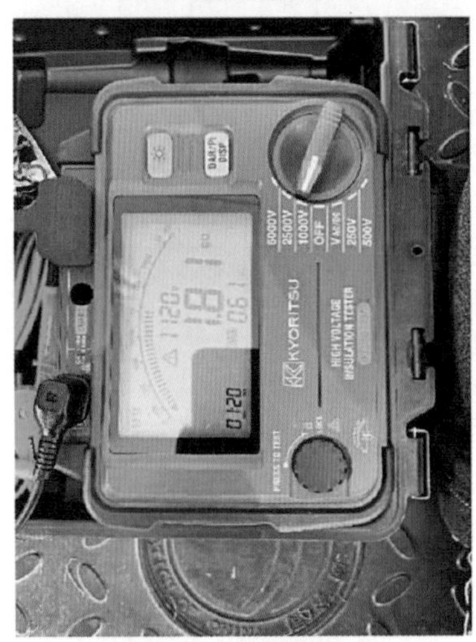

(c)绝缘电阻测试结果1

(d)绝缘电阻测试结果2

图3-8-3 控制电缆更换后效果及绝缘电阻测试结果

3.8.5 监督意见及要求

（1）应严格按照湘电公司调〔2020〕414号《国网湖南省电力有限公司关于进一步加强二次电缆专业管理的通知》及《二次电缆标准化作业指导书》的相关要求，认真开展二次电缆绝缘测试工作，逢停必检，逐步完善二次电缆绝缘数据档案及缺陷档案，对绝缘异常的二次电缆加强跟踪、及时更换。

（2）加强基建现场的全过程技术监督及标准化验收工作，确保入网的二次电缆均属于检测合格产品，对二次电缆头的制作工艺采取旁站验收的手段进行监督，杜绝不合格的隐蔽工程投产运行。

（3）在运行阶段应加强端子箱、汇控柜及一次设备机构箱运行环境的管控，加快推动标准化端子箱的应用及对老旧端子箱的更换，改善二次电缆运行环境以降低二次电缆老化速度，从而提高运行可靠性。

3.9 220kV变电站两套直流系统电压互串案例分析

- 监督专业：继电保护
- 设备类别：直流系统
- 发现环节：运维检修
- 问题来源：安装调试

3.9.1 监督依据

国家电网设备〔2018〕979号《国家电网有限公司十八项电网重大反事故措施（修订版）》

3.9.2 违反条款

依据国家电网设备〔2018〕979号《国家电网有限公司十八项电网重大反事故措施（修订版）》15.6.11规定，在运行和检修中应加强对直流系统的管理，严格执行有关规程、规定及反事故措施，防止直流系统故障，特别要防止交流串入直流回路，造成电网事故。

3.9.3 案例简介

2022年3月11日，二次检修班在220kV变电站进行220kV线路606、608间隔检修工作。在保护装置调试前，对直流电源进行了检查，发现线路间隔606第一路控制电源、第二路控制电源、遥信电源互相串接，线路间隔608第二路控制电源与遥信电源互相串接，站内两套直流系统形成环网，组成一个440V直流系统，严重时将导致保护拒动、误动事件。

3.9.4 案例分析

变电二次检修班对线路606、608保护装置及控制回路的直流电源进行独立性试验，当只送线路606遥信电源，第一、二路控制电源空气断路器均处于断开位置时，在端子箱处量取606第一、二路控制电源的正极、负极对地电压均为-75V，如图3-9-1所示，说明遥信电源与两路控制电源互串。随后在端子箱处利用解线的方式，确认了串接地点在高压场。

图3-9-1　消除故障前：控制回路正极、负极对地电压

二次检修人员随即对断路器机构箱图纸（LWB10B-252）进行研究，对断路器内元器件及二次回路进行全面排查。当解开SF_6气压低告警信号时，控制电源对地电压消失，最终确定了SF_6表计中的信号回路与控制回路触点受潮、

长铜绿等导致触点之间绝缘不良，如图3-9-2所示。

(a)SF_6表计布满铜绿

(b)SF_6表计内部触点

图3-9-2 布满铜绿的SF_6表计触点

图3-9-3所示为第一组控制回路原理图，图3-9-4所示为第一组SF_6闭锁回路原理图，其中KD2为SF_6气体密度控制器，KB3为SF_6主闭锁继电器、KB4为SF_6副闭锁继电器。当断路器处于分位，SF_6压力正常，信号电源空气断路器合上、控制电源空气断路器拉开时，KB3动断触点21、22为闭合状态，由于处于控制回路中，21、22对地电位为0，KB3动合触点13、14为断开状态，由于处于信号回路中，13接SF_6气压低闭锁，对地电位为-115V，14接公共端，对地电位为+115V。此时触点13、14与21、22出现串接现象，且经过电阻R1、R2，R1的阻值是R2的4.5倍，如图3-9-5所示，最终使控制回路中SF_6动断触点21、22出现-75V的电压，并反送至102I、107AI、107BI、107CI。

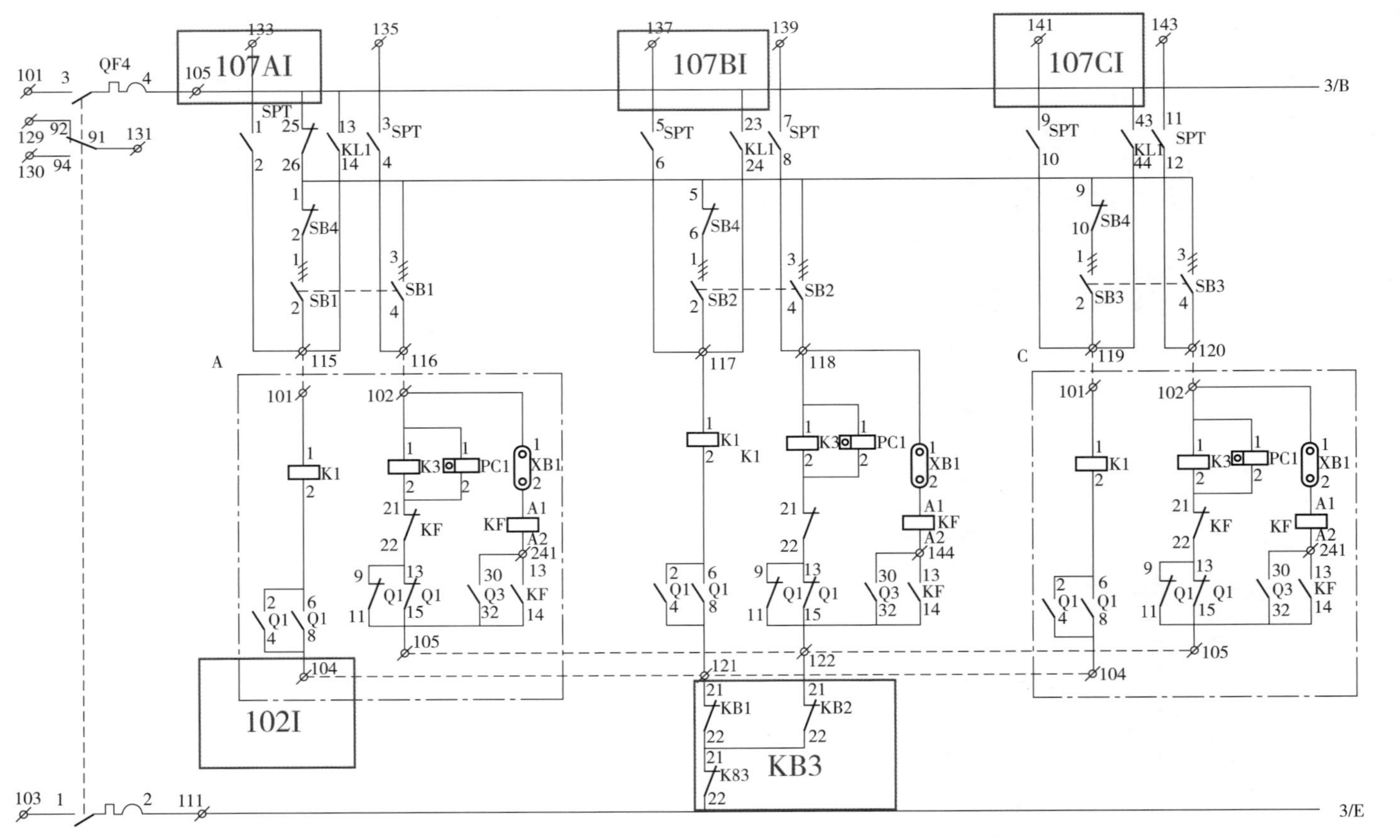

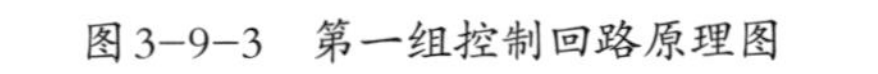
图 3-9-3 第一组控制回路原理图

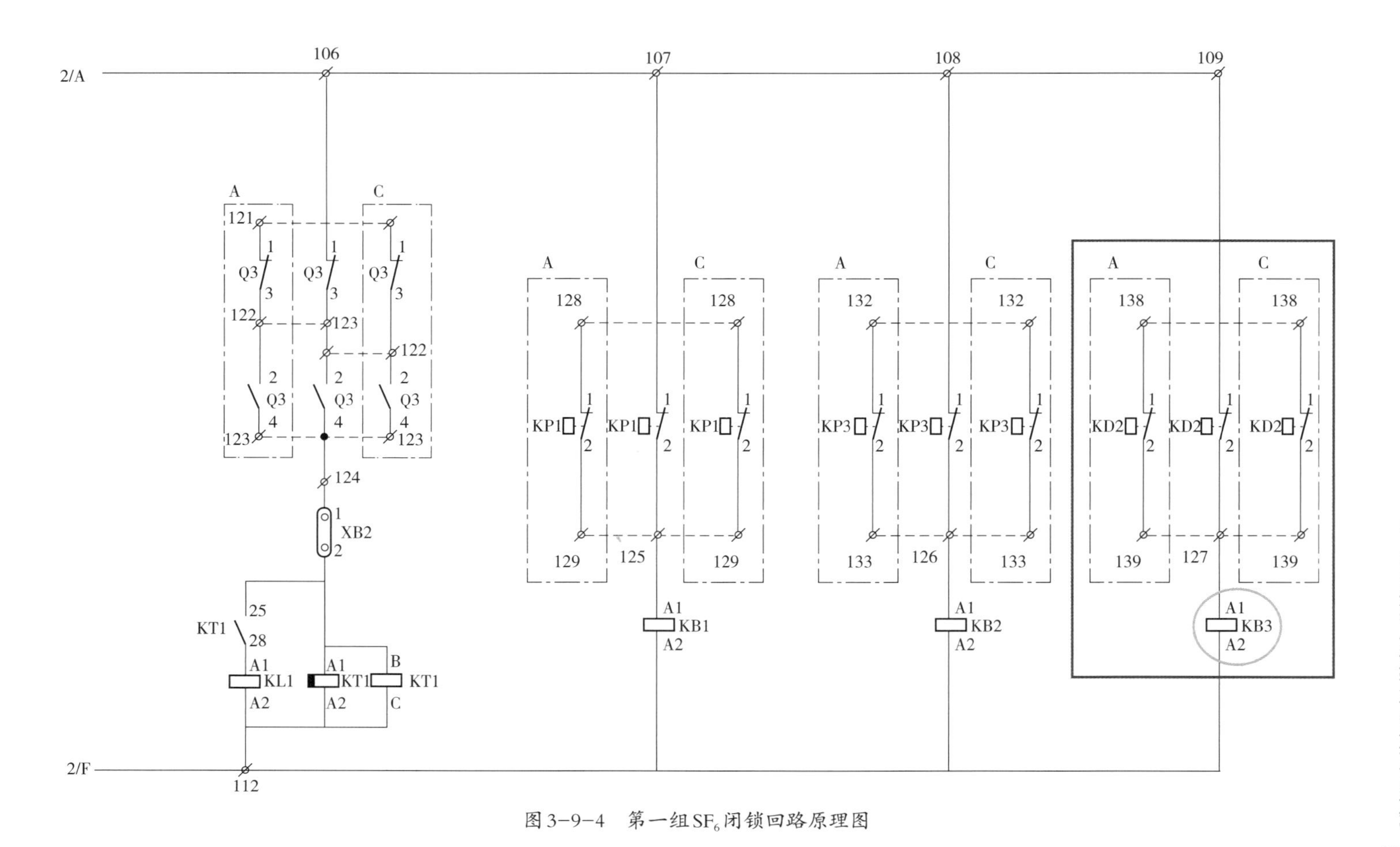

图3-9-4 第一组SF_6闭锁回路原理图

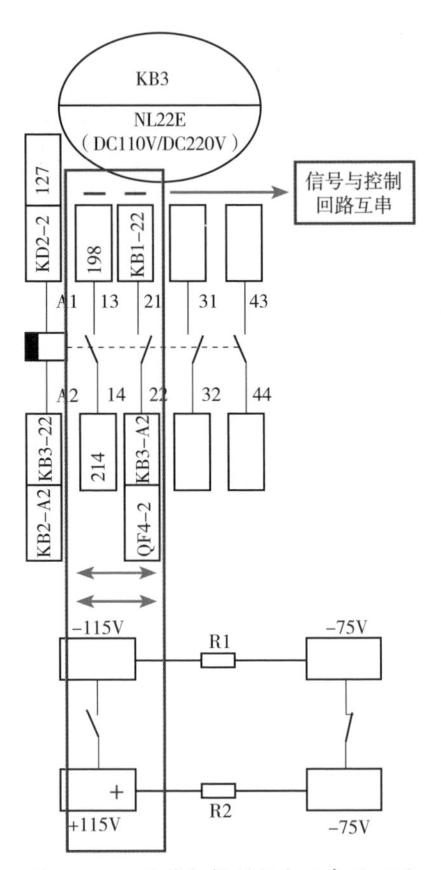

图3-9-5　信号与控制触点互串原理图

二次人员通过细致的试验发现，线路606 A相SF_6表计、608 B相SF_6表计内触点受潮、长铜绿导致触点之间绝缘不良、存在感应电现象，导致了第一路控制电源、第二路控制电源、遥信电源互串，站内两套直流系统形成了环网，组成一个440V直流系统。此时若出现直流接地，严重时将导致保护拒动、误动事件的发生。

整改措施：更换绝缘不良的606 A相、608 B相SF_6表计。SF_6表计更换前后实物图如图3-9-6所示。消除故障后测量控制电源对地电压如图3-9-7所示。此后，分别合上第一、二路控制电源、信号电源，均无互串现象发生。

(a)旧表计

(b)新表计

图3-9-6　SF_6表计更换前后实物图

图3-9-7　消除故障后控制回路对地电压

3.9.5 监督意见及要求

（1）断路器SF_6表计的触点容易出现长铜绿、受潮等现象，不仅会导致误发信号，还会造成直流接地、直流串接等现象，应优先选用触点密封性良好的表计，巡视时应检查直流系统电压。

（2）运维检修单位严格管控各现场检修质量，利用检修机会，对设备各元器件及电缆等进行全面排查、检测，做到应修必修、修必修好，防止类似事件发生。

3.10 220kV线路断路器压力低误闭锁控制回路故障分析

- 监督专业：继电保护
- 设备类别：二次回路
- 发现环节：运维检修
- 问题来源：装置验收

3.10.1 监督依据

Q/GDW 1914—2013《继电保护及安全自动装置验收规范》

DL/T 995—2016《继电保护和电网安全自动装置检验规程》

3.10.2 违反条款

（1）依据Q/GDW 1914—2013《继电保护及安全自动装置验收规范》5.5.5规定，对反映一次设备位置和状态的辅助触点及其二次回路进行验收时，不宜采用短接触点的方法进行，应验证一次设备位置或状态与辅助触点的一致性，对于有时间要求的回路，还应保证其时序配合满足保护运行的技术要求。

（2）依据DL/T 995—2016《继电保护和电网安全自动装置检验规程》5.3.6.3规定，新建及重大改造设备需利用操作箱进行断路器操作油压或空气压力继电器、SF_6密度继电器及弹簧压力等触点的检查，检查各级压力继电器触点输出是否正确，检查压力低闭锁合闸、闭锁重合闸、闭锁跳闸等功能是否正确。

3.10.3 案例简介

2022年5月23日，二次检修人员在对220kV线路间隔更换保护装置工作完成情况进行验收时，对该间隔机构液压机构泄压，以验证相应闭锁回路的完整性。验收发现当该液压机构泄压至重合闸闭锁条件时，装置和后台均报“控制回路断线”信号，且机构操作回路出现了闭锁，不能对断路器机构进行分合闸操作。相关验收人员发现这一异常情况后，立即找来机构图纸和设计人员的蓝图，根据现场情况进行深入检查与分析。

若当断路器压力降到气压低闭锁重合闸情况下导致闭锁断路器分、合闸回路时，会引起断路器操动机构控制回路误闭锁，此时线路有故障时，将会出现保护动作而断路器机构拒动情况，导致事故扩大。

经过现场与图纸核查，发现蓝图设计失误，导致将机构内“压力低禁止重合”误接入至“压力低闭锁分闸”回路中，导致断路器控制回路闭锁，不能进行分合闸，从而报“控制回路断线”。经与设计人员进行沟通，确定该设计失误，现已改正并通过试验，试验验证了相应闭锁回路正确性。

3.10.4 案例分析

该断路器机构型号为LW10B-252，已运行10年，为液压机构断路器，设备情况良好。该断路器机构型号和技术参数见表3-10-1。

表3-10-1 断路器机构型号和技术参数

序号	符号	名称，型号，技术参数
28	KP2	分闸闭锁控制开关2 Z-15GD-B
29	KP3	合闸闭锁控制开关 Z-15GD-B
30	KP4	重合闸闭锁控制开关 Z-15GD-B
31	KP5，KP6	油泵电机控制开关 Z-15GD-B

根据表3-10-1可知，KP2为压力低禁止分闸和KP3为压力低禁止合闸，均由机构本体实现，KP4为重合闸闭锁控制节点，通过操作箱来实现，而实际上机构只有KP4有一对闭锁触点串入保护屏内操作箱内，如图3-10-1所示，通过试验也证实为气压低闭锁重合闸触点无误。

一般线路操作箱也可以实现压力低闭锁跳合闸回路，但如果操动机构可以提供两对压力低触点，可以考虑取消操作箱内压力低闭锁回路，而通过机构本体来实现。考虑到与现有运行习惯的衔接，线路操作箱仍保留压力低闭锁重合闸回路，由断路器操动机构给操作箱提供压力低闭锁重合闸的动断触点，而操作箱

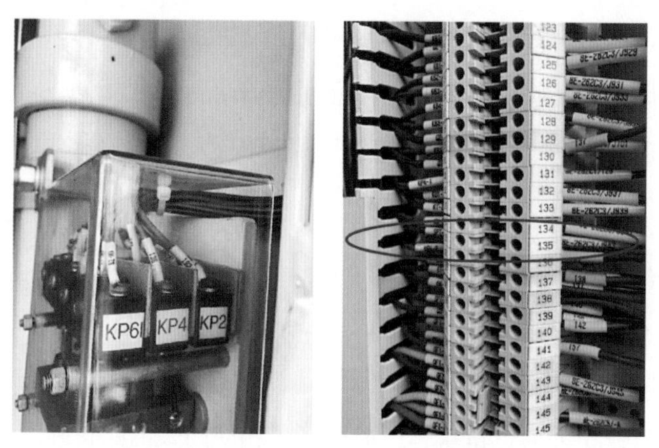

图 3-10-1　断路器机构箱内接线（KP4 接入控制回路编号为 129）

收到压力低触点信号并通过操作箱的2YJJ继电器扩展后，分别向两套装置提供压力低闭锁重合的触点。该机构压力低禁止合闸和压力低禁止分闸均是通过机构本体实现其操作回路的闭锁，而压力低闭锁重合闸则是通过操作箱来实现的。

操作箱原理如图3-10-2所示，从图3-10-2可以看出，控制回路中串接了一对1YJJ的动合触点，正常运行情况下，1YJJ处于励磁状态，控制回路中的1YJJ的动合触点处于闭合状态，保证了控制回路的完整性。从机构串入的节点

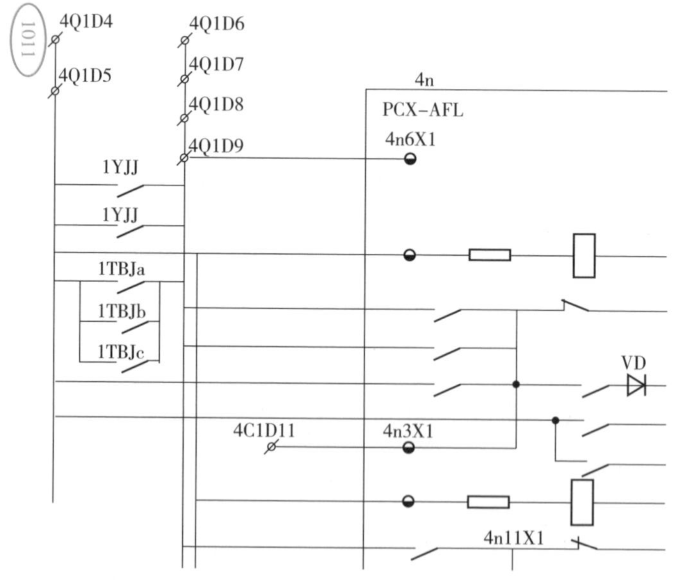

图 3-10-2　操作箱原理（压力低禁止跳闸继电器 1YJJ 串入控制回路中）

为负电位触点，相当于将1YJJ线圈短路，使其不能励磁，从而串入控制回路的一对1YJJ的动合触点处于常开状态，与电源断开，从而导致控制回路断线。

该次改造只进行了保护装置更换，所以对断路器机构本体没有太多关注，只是片面地按图施工。因图纸上显示从机构本体引入触点串入“压力低禁止分闸”回路中，如图3-10-3所示。施工人员并没有思考其合理性，直接接入操作箱中，以为压力低禁止分闸是通过操作箱来实现。在施工完毕的试验中，也只在保护屏后短接该触点，验证其闭锁功能正确性，而忽略了整个回路的完整性。保护屏端子排图设计闭锁回路实际接线如图3-10-4所示。

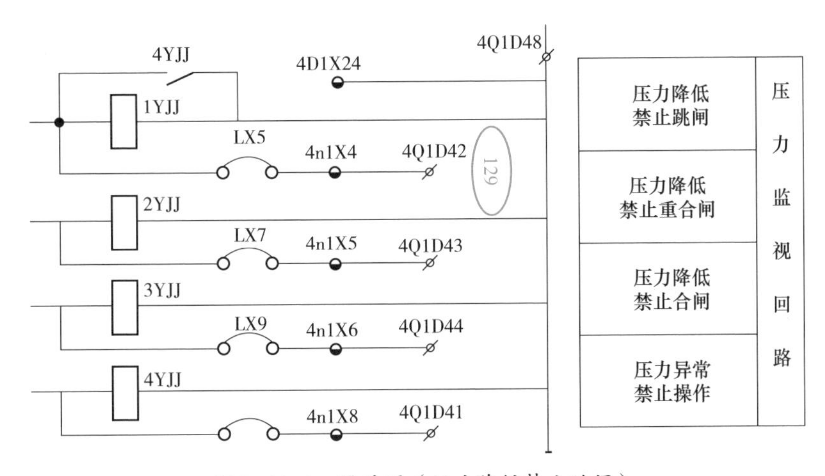

图3-10-3 设计图（压力降低禁止跳闸）

	35	4n2X6	
141	36	4n6X3	手跳
	37		
	38	4FA1:2,FZJ:10	信号复归1
	39	4n3X8	
	40	4n1X7	压力降低禁止操作
	41	4n1X8	
129	42	4n1X4	压力降低禁止跳闸
	43	4n1X5	压力降低禁止重合
	44	4n1X6	压力降低禁止合闸
	45		

图3-10-4 保护屏端子排图设计闭锁回路实际接线

3.10.5 监督意见及要求

（1）对于单纯的保护装置更换项目，应加强相应外部回路的验证，确保控制机信号等二次回路的完整性、正确性。

（2）加强对二次设计图纸的审核把关，确认和分析二次回路设计的合理性，图纸设计应结合现场实际，而不能盲从设计人员。

（3）加强全过程技术监督工作，严格按照继电保护验收标准化作业指导书开展相应试验及验收工作，确保试验、验收工作不留死角。

3.11 110kV变电站手跳无法闭锁备用电源自动投入装置案例分析

- 监督专业：继电保护
- 设备类别：备用电源自动投入装置
- 发现环节：运维检修
- 问题来源：安装调试

3.11.1 监督依据

Q/GDW 10766—2015《10kV～110（66）kV线路保护及辅助装置标准化设计规范》

3.11.2 违反条款

依据Q/GDW 10766—2015《10kV～110（66）kV线路保护及辅助装置标准化设计规范》8.1.3.1规定，当人工切除工作电源时，备用电源自动投入装置不应动作。

3.11.3 案例简介

2021年11月18日0时，二次检修人员在110kV某变电站利用全站停电机会进行备用电源自动投入装置的A4检工作。在校验进线备投逻辑时发现，手动拉开处于合位的主供电源断路器时，备用电源自动投入装置均错误动作、合上备供电源断路器，其手跳闭锁功能未能正确闭锁备用电源自动投入装置。随后二次检修人员进行了详细的排查。

该变电站于2020年投产，其中110kV侧采用单母分段接线方式，110kV侧备用电源自动投入装置型号为CSC-246A-DA-G，版本号为V1.02QF，校验码为E8A1。110kV线路502、线路504间隔、母联500间隔合智一体装置型号为CSD-603AG。调度下发定值为进线备投方式。

3.11.4 案例分析

通过查阅备用电源自动投入装置说明书可以看到，要实现手跳闭锁备用电源自动投入功能，需将合智一体操作插件上的手跳继电器（STJ）的动作信号通过GOOSE开关量输入拉至“备自投总闭锁”订阅虚端子处。该装置无法利用KKJ信号（合后信号）进行备用电源自动投入逻辑判断。当手动分开断路器时，观察到备用电源自动投入装置并无“备自投总闭锁”GOOSE开关量输入的变位报文。

利用智能调试仪对线路502、线路504间隔合智一体装置分别抓包，对应断路器手跳时，合智一体装置的GOOSE开关量输出“RPIT/GGIO10STInd11$stVal：手跳逻辑”均从0变位到1。查阅相关台式变压器SCD文件发现，备用电源自动投入装置CSC-246A的订阅虚端子“备自投总闭锁”的外部信号为“RPIT/GGIO2STInd7$stVal：手跳开入_DIO开入7”，如图3-11-1所示。但在断路器实际通过合智一体装置手跳时，该“手跳开入_DIO开入7”GOOSE发布虚端子无变位。

配合厂家重新拉取“备自投总闭锁”外部信号并下装配置后，断路器手跳能正确闭锁备用电源自动投入装置，逻辑验证正确。更正后的虚回路如图3-11-2所示。

经查阅厂家合智一体CSD-603AG装置说明书可以看到，该装置具有智能开关量输入开关量输出（DIO）插件，能提供14个开关量输入硬触点

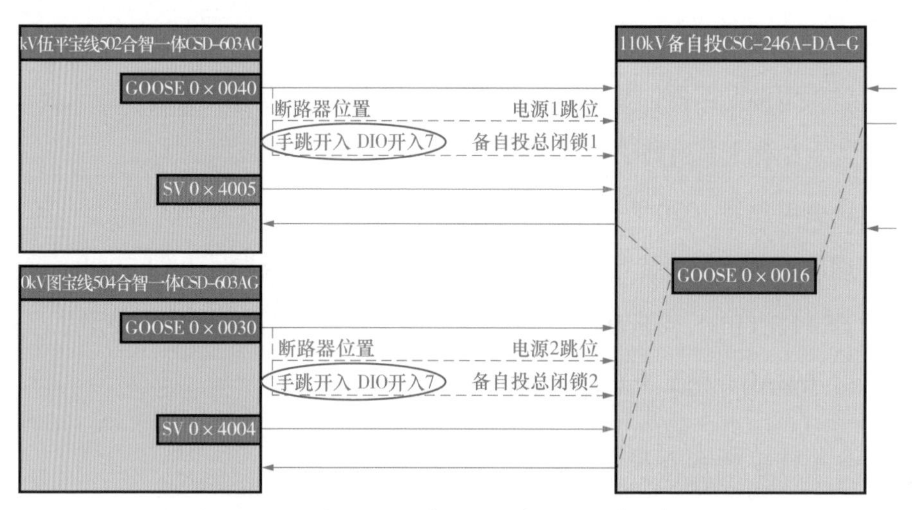

图3-11-1 错误配置的备用电源自动投入装置虚回路

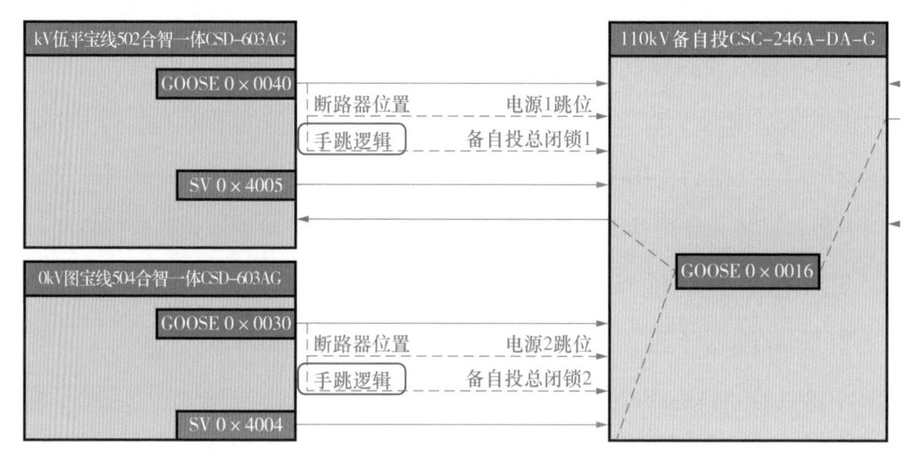

图3-11-2 更正后的备用电源自动投入装置虚回路

"DI1～DI14"和7个开关量输出硬触点"DO1～DO7"。其中14个开关量输入触点定义见表3-11-1。

表3-11-1 DIO插件开关量输入触点定义

序号	CSD-603AG	端子号	序号	CSD-603AG	端子号
DI8	手合开关量输入	c18	DI1	检修状态	a18
DI9	DIO开关量输入9	c20	DI2	就地复归	a20
DI10	DIO开关量输入10	c22	DI3	DIO开关量输入3	a22

续表

序号	CSD-603AG	端子号	序号	CSD-603AG	端子号
DI11	DIO开关量输入11	c24	DI4	DIO开关量输入4	a24
DI12	DIO开关量输入12	c26	DI5	DIO开关量输入5	a26
DI13	DIO开关量输入13	c28	DI6	DIO开关量输入6	a28
DI14	DIO开关量输入14	c30	DI7	手跳开关量输入	a30
DICOM	公共端	c32	DICOM	公共端	a32

合智一体装置开关量输入原理如图3-11-3所示，结合表3-11-1及图3-11-3可知，DI7由厂家定义为“手跳开关量输入”，仅在有开关量输入电位翻转时会发出GOOSE信号，但该汇控柜并无实际接线。

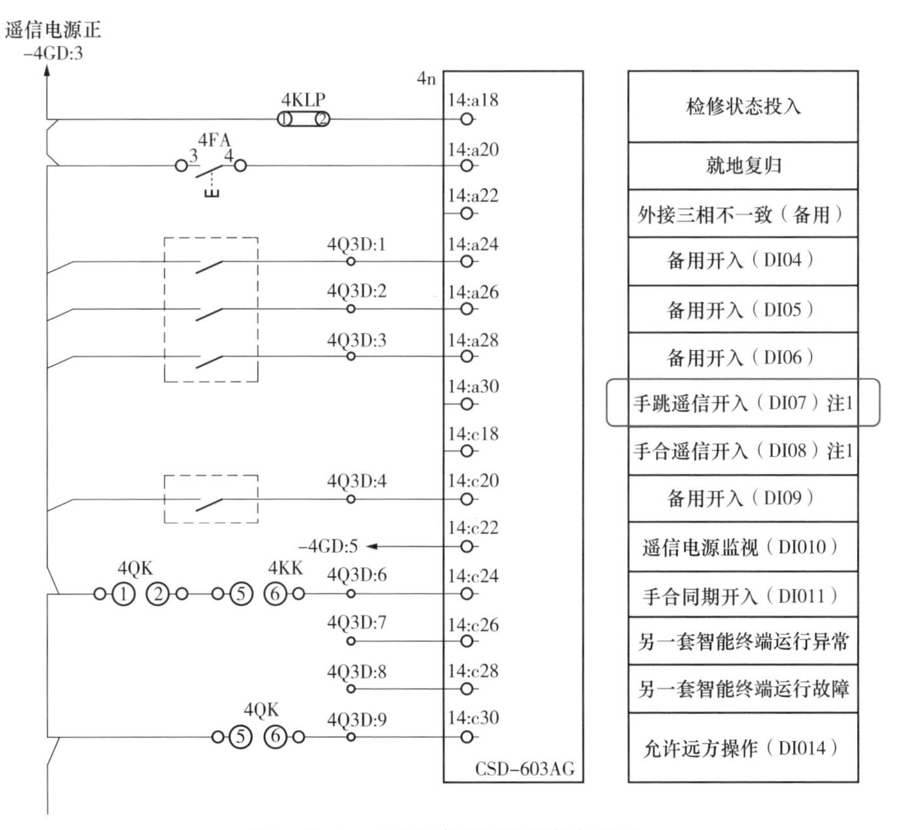

图3-11-3 110kV线路间隔汇控柜原理

合智一体CSD-603AG外部信号如图3-11-4所示，虚端子“RPIT/GGIO2STInd7$stVal：手跳开入_DIO开入7”与“RPIT/GGIO10STInd11$stVal：手跳逻辑”属于合智一体装置模型的同一逻辑设备的不同逻辑节点，表意不清，极易混淆，从而引起继电保护“误接线”。

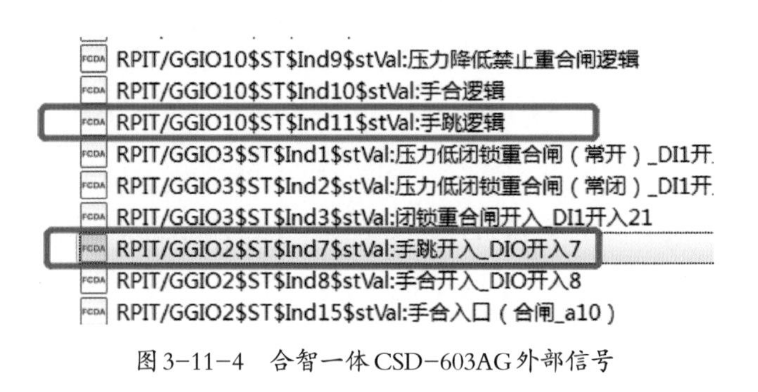

图3-11-4　合智一体CSD-603AG外部信号

如果备用电源自动投入装置的手跳闭锁逻辑不正确，在正常停电时，会导致备供电源误合送电至停电设备，从而可能导致事故发生，且不符合Q/GDW 10766—2015《10kV～110（66）kV线路保护及辅助装置标准化设计规范》8.1.3.1中当人工切除工作电源时，备用电源自动投入装置不应动作的规定。

3.11.5 监督意见及要求

（1）对有类似问题的智能站重新配置、下装SCD文件，并对备用电源自动投入装置进行停电检修。

（2）对不支持合后、仅支持手跳开关量输入的备用电源自动投入装置建立档案，通过软件升级、插件更换等手段，加快推进电网标准版备用电源自动投入装置改造。

（3）普遍开展IED模型审查，推动制定IED模型规范，确保命名清晰无歧义。

（4）针对性加强智能站及SCD文件虚回路培训，补强二次检修人员知识结构薄弱环节，提高SCD文件审查能力。

（5）加强基建调试验收工作。抓住变电站未投运窗口期，同步首检开展备用电源自动投入装置标准化检修作业，对各类逻辑严格验证。避免投运后无法停电调试的窘境。

3.12 110kV线路514测控装置频发GOOSE断链告警信息故障分析

- 监督专业：继电保护
- 设备类别：测控装置
- 发现环节：运维检修
- 问题来源：安装调试

3.12.1 监督依据

国家电网设备〔2018〕979号《国家电网公司十八项电网重大反事故措施（修订版）》

3.12.2 违反条款

依据国家电网设备〔2018〕979号《国家电网公司十八项电网重大反事故措施（修订版）》15.7.1.1规定，智能变电站的保护设计应坚持继电保护“四性”，遵循“直接采样、直接跳闸”“独立分散”“就地化布置”原则，应避免合并单元、智能终端、交换机等任一设备故障时，同时失去多套主保护。

3.12.3 案例简介

2020年2月20日，二次运检二班对220kV某变电站进行专业化巡视，按照专业化巡视标准要求检查保护装置告警信息及运行状态时发现，110kV线路514数字式测控装置报A网过程层GOOSE断链告警信息，链路异常告警灯亮。监控后台机同时收到该测控装置GOOSE组网的断链告警信息，经过数秒后复归，并一直重复此过程且时间差不定，故障情况如图3–12–1、图3–12–2所示。

根据运维人员的反映，此故障曾多次出现并进行了处理，但由于其隐蔽性强，未从根本解决问题。

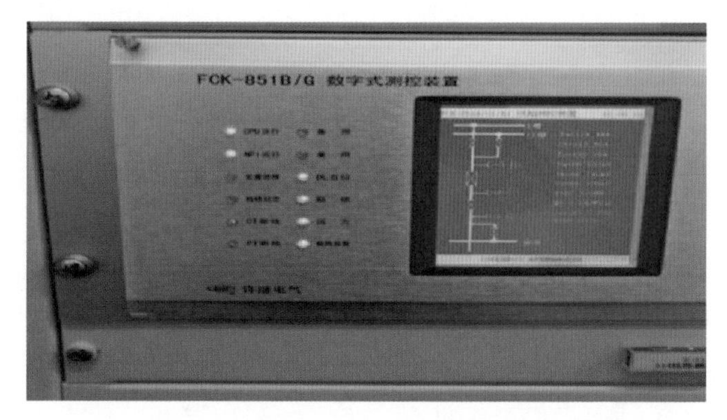

图 3-12-1　110kV善桥线514数字式测控装置主面板

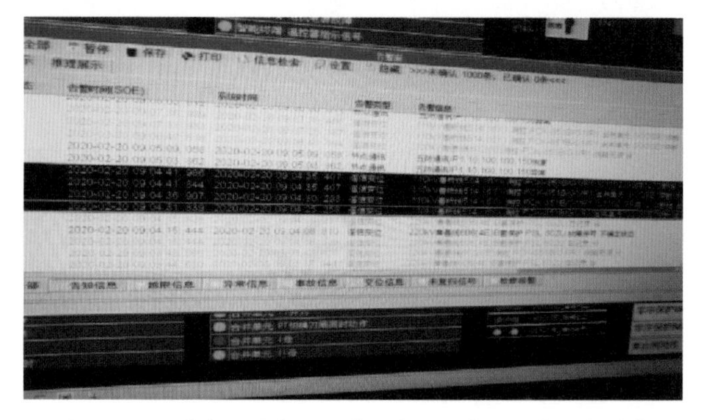

图 3-12-2　监控后台机514善桥线测控装置告警信息弹窗

3.12.4 案例分析

GOOSE链路断链原因复杂多样，进行分析前应先确定站内二次设备的组网方式。检修人员赶到现场进行故障分析，查阅相关图纸并结合现场实际分析得出站内110kV线路间隔的组网结构，如图3-12-3所示。现场设备的运行状态历史信息显示：110kV故障录波分析装置频繁记录514 GOOSE断链启动；网络记录分析仪报514 GOOSE链路异常。由图3-12-3可知，512、514间隔通过共用交换机进行通信，而故障录波分析装置和网络记录分析装置未报512

GOOSE链路异常，表明由间隔层交换机到中心交换机再到故障录波分析装置、网络记录分析装置之间的链路正常，因此，初步判断GOOSE断链的问题出现在514线路测控、智能终端到间隔层交换机之间的链路中。经排查，514测控装置报智能终端GOOSE链路异常，由于其SV、GOOSE报文收信光口共用，仅报GOOSE断链即表示测控装置与间隔层交换机间链路正常。因此，进一步将故障范围缩小至514智能终端与512、514间隔层交换机的链路间，该链路信息流结构如图3-12-4所示。

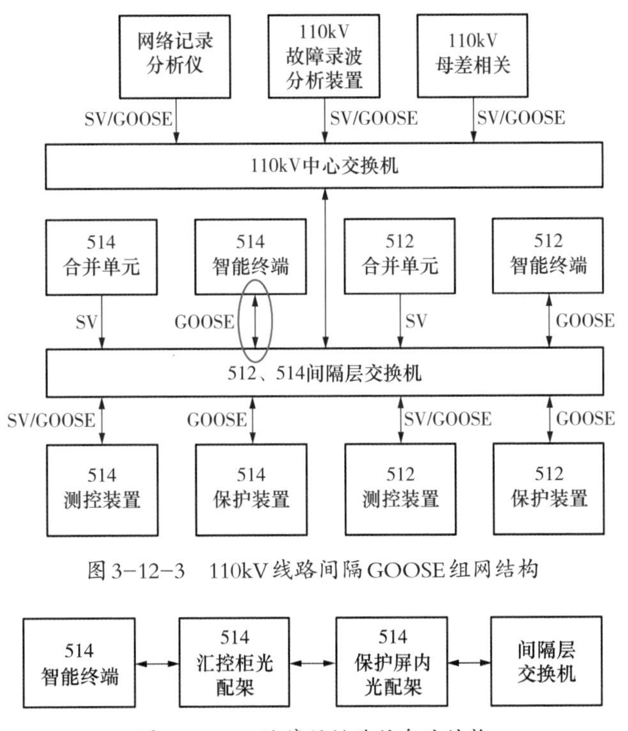

图3-12-3　110kV线路间隔GOOSE组网结构

图3-12-4　故障段链路信息流结构

首先对链路中的各收、发信接口进行检查，接口均已插接到位，未发现松动等异常。使用手持光数字测试仪测取各个光口的光功率，分析链路光功率衰减情况。测试结果显示，智能终端、汇控柜光配架、间隔层交换机与保护屏内光配架的光功率在正常范围内，到交换机GOOSE收信光口的尾纤链路衰耗也正常。进一步缩小故障范围至间隔层交换机对应的收信光口与交换机本体。将尾纤由原来的光口更换接入至备用光口后，514测控装置GOOSE断链警告信息复归，后台监控正常，此后未再重复514 GOOSE链路异常告警。检修完毕后认为该次故障为间隔层交换机的对应GOOSE光口异常引起，导致接收514智能终端GOOSE链路传输不稳定，因而GOOSE断链持续发生。

3.12.5 监督意见及要求

（1）图纸审查时，建议加强智能站网络配置方案审查，过程层交换机按间隔配置。

（2）建议加强对站内交换机的维护，提高交换机的可靠性。由于交换机的光口数量配置有限，特别是SV报文数据流量大，对此报文进行了虚拟局域网（VLAN）划分，专用的SV光口数量及位置固定，无备用光口，一旦出现问题影响大，故障处理周期长。

3.13 110kV合智一体装置保护合闸不启动KKJ节点问题分析

- 监督专业：继电保护
- 设备类别：智能终端
- 发现环节：运维检修
- 问题来源：基建验收

3.13.1 监督依据

Q/GDW 10766—2015《10kV～110（66kV）线路保护及辅助装置标准化设计规范》

Q/GDW 11498.2—2016《110kV及以下继电保护装置检测规范第2部分：继电保护装置专用功能测试》

3.13.2 违反条款

（1）依据Q/GDW 10766—2015《10kV～110（66kV）线路保护及辅助装置

标准化设计规范》8.1.3.5规定，备用电源断路器的合闸命令只允许动作一次；备用电源自动投入装置动作应自复归备用电源自动投入逻辑，在相应充电条件满足后才允许下一次动作。

（2）依据Q/GDW 11498.2—2016《110kV及以下继电保护装置检测规范第2部分：继电保护装置专用功能测试》8.9.2.2规定，通过手合或遥合方式将模拟断路器合上，装置发合后状态信号。通过手分或遥分方式将模拟断路器分开，合后状态信号复归。

（3）依据Q/GDW 11498.2—2016《110kV及以下继电保护装置检测规范第2部分：继电保护装置专用功能测试》8.9.2.2规定，在合后状态下让断路器处于分位，输出事故总信号。

3.13.3 案例简介

2021年1月8日，某公司变电二次检修班在新建110kV变电站旁站验收过程发现，110kV进线备用电源自动投入装置存在以下两种情况：①跳电源1合电源2，电源2无合后位置开关量输入；②跳电源2合电源1，电源1无合后位置开关量输入。

电源2作备用电源时的备用电源自动投入装置开关量输入如图3-13-1所示。备用电源自动投入装置动作跳电源1合电源2后开关量输入如图3-13-2所示。

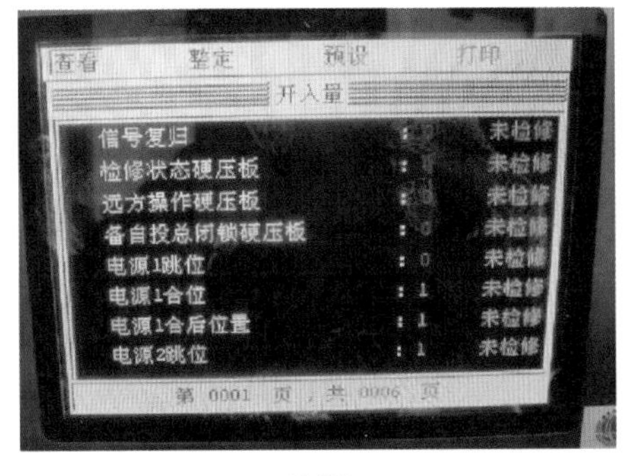

(a)001

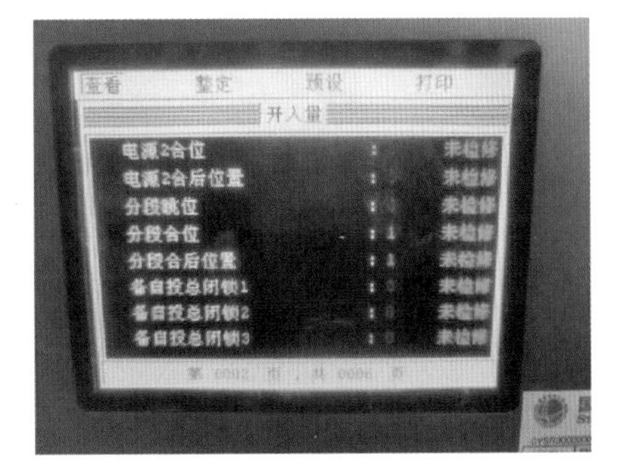

(b)002

图3-13-1　备用电源自动投入装置充电满开关量输入

(a)001

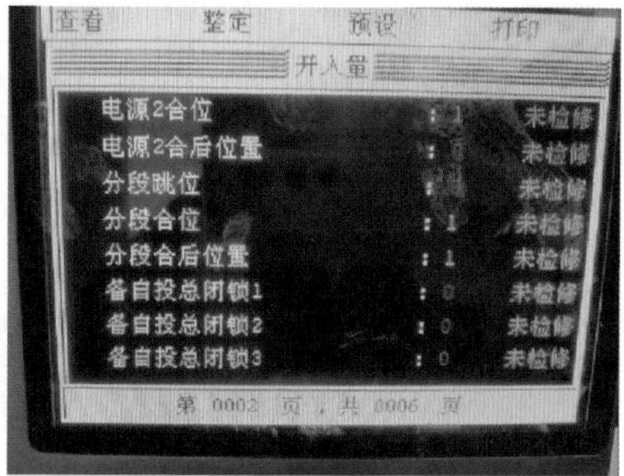

(b)002

图3-13-2 备用电源自动投入装置动作后开关量输入

检查SCD文件发现备用电源自动投入装置合电源1、备用电源自动投入装置合电源2回路对应的线路智能终端内部回路虚端子为保护合闸2，如图3-13-3所示。

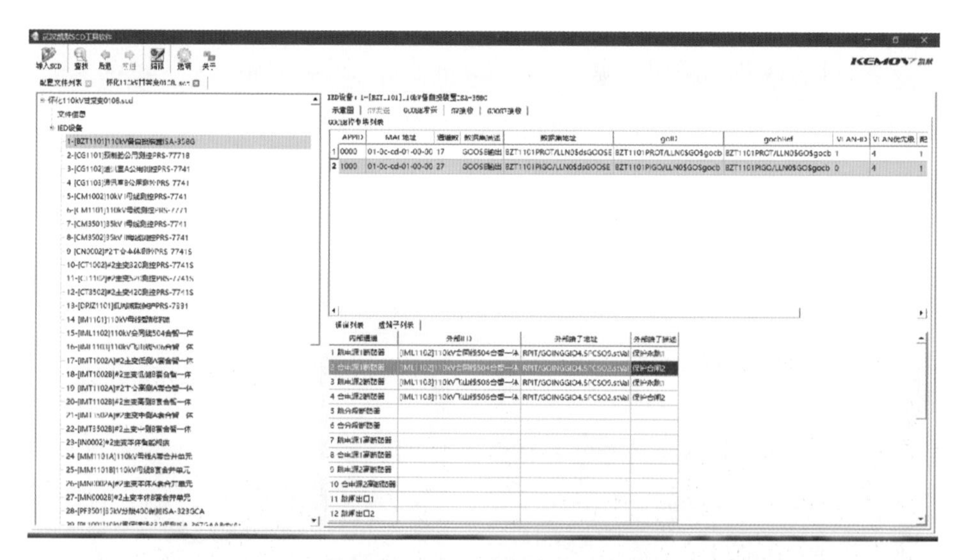

图3-13-3 SCD虚端子回路检查

查看设计虚端子表，如图3-13-4所示。

序号	工程设计定义	发送设备名称	虚端子号	虚端子定义	数据属性	接收设备名称	虚端子号	虚端子定义	数据属性	
GOOSE开入										
1		110kV线路2Y间隔线路保护测控装置	OUT37	遥控复归	PIGO02/_EURGGIO1.GOLEDRel.stVal1	110kV线路2Y间隔智能终端合并单元一体化	IN1	远方复归	RPIT/GOINGGIO1.SPCSO1.stVal	
2		110kV线路2Y间隔线路保护测控装置	OUT2	断路器遥控分	PIGO02/CBCSWI1.OpOpn.general	110kV线路2Y间隔智能终端合并单元一体化	IN2	测控跳闸1	RPIT/GOINGGIO1.SPCSO2.stVal	
3		110kV线路2Y间隔线路保护测控装置	OUT1	断路器遥控合	PIGO02/CBCSWI1.OpCls.general	110kV线路2Y间隔智能终端合并单元一体化	IN3	测控合闸1	RPIT/GOINGGIO1.SPCSO6.stVal	
4	2Y隔刀1G遥分	110kV线路2Y间隔线路保护测控装置	OUT14	遥控1分	PIGO02/QG1CSWI1.OpOpn.general	110kV线路2Y间隔智能终端合并单元一体化	IN14	分刀闸1	RPIT/GOINGGIO1.SPCSO14.stVal	
5	2Y隔刀1G遥合	110kV线路2Y间隔线路保护测控装置	OUT13	遥控1合	PIGO02/QG1CSWI1.OpCls.general	110kV线路2Y间隔智能终端合并单元一体化	IN15	合刀闸1	RPIT/GOINGGIO1.SPCSO15.stVal	
6	2Y隔刀3G遥分	110kV线路2Y间隔线路保护测控装置	OUT17	遥控2分	PIGO02/QG2CSWI1.OpOpn.general	110kV线路2Y间隔智能终端合并单元一体化	IN17	分刀闸2	RPIT/GOINGGIO2.SPCSO1.stVal	
7	2Y隔刀3G遥合	110kV线路2Y间隔线路保护测控装置	OUT16	遥控2合	PIGO02/QG2CSWI1.OpCls.general	110kV线路2Y间隔智能终端合并单元一体化	IN18	合刀闸2	RPIT/GOINGGIO2.SPCSO2.stVal	
8	2Y隔刀1GD遥分	110kV线路2Y间隔线路保护测控装置	OUT20	遥控3分	PIGO02/QG3CSWI1.OpOpn.general	110kV线路2Y间隔智能终端合并单元一体化	IN20	分刀闸3	RPIT/GOINGGIO2.SPCSO4.stVal	
9	2Y隔刀1GD遥合	110kV线路2Y间隔线路保护测控装置	OUT19	遥控3合	PIGO02/QG3CSWI1.OpCls.general	110kV线路2Y间隔智能终端合并单元一体化	IN21	合刀闸3	RPIT/GOINGGIO2.SPCSO5.stVal	
10	2Y隔刀3GD1遥分	110kV线路2Y间隔线路保护测控装置	OUT23	遥控4分	PIGO02/QG4CSWI1.OpOpn.general	110kV线路2Y间隔智能终端合并单元一体化	IN23	分刀闸4	RPIT/GOINGGIO2.SPCSO7.stVal	
11	2Y隔刀3GD1遥合	110kV线路2Y间隔线路保护测控装置	OUT22	遥控4合	PIGO02/QG4CSWI1.OpCls.general	110kV线路2Y间隔智能终端合并单元一体化	IN24	合刀闸4	RPIT/GOINGGIO2.SPCSO8.stVal	
12	2Y隔刀3GD2遥分	110kV线路2Y间隔线路保护测控装置	OUT26	遥控5分	PIGO02/QG5CSWI1.OpOpn.general	110kV线路2Y间隔智能终端合并单元一体化	IN26	分刀闸5	RPIT/GOINGGIO2.SPCSO10.stVal	
13	2Y隔刀3GD2遥合	110kV线路2Y间隔线路保护测控装置	OUT25	遥控5合	PIGO02/QG5CSWI1.OpCls.general	110kV线路2Y间隔智能终端合并单元一体化	IN27	合刀闸5	RPIT/GOINGGIO2.SPCSO11.stVal	
14		110kV线路2Y间隔线路保护测控装置	OUT2	重合闸	PIGO01/[illegible]RREC1.Op.general	110kV线路2Y间隔智能终端合并单元一体化	IN49	保护合闸1	RPIT/GOINGGIO4.SPCSO1.stVal	
15		110kV母联开关间隔备自投装置	OUT2	合电源1断路器	PIGO/ZOPTRC2.Tr.general	110kV线路2Y间隔智能终端合并单元一体化	IN50	保护合闸2	RPIT/GOINGGIO4.SPCSO2.stVal	
16		110kV线路2Y间隔线路保护测控装置	OUT1	保护跳闸	PIGO01/[illegible]PTRC1.Tr.general	110kV线路2Y间隔智能终端合并单元一体化	IN53	保护跳闸TJQ1	RPIT/GOINGGIO4.SPCSO5.stVal	
17		110kV母联开关间隔备自投装置	OUT1	跳电源1断路器	PIGO/ZOPTRC1.Tr.general	110kV线路2Y间隔智能终端合并单元一体化	IN57	保护永跳1	RPIT/GOINGGIO4.SPCSO9.stVal	

图3-13-4　设计虚端子表

3.13.4 案例分析

（1）现场检查。通过查看SCD和虚端子表可以发现后台厂家制作的SCD并无问题，进而怀疑是否是合智一体装置操作回路的问题，操作回路如图3-13-5所示。

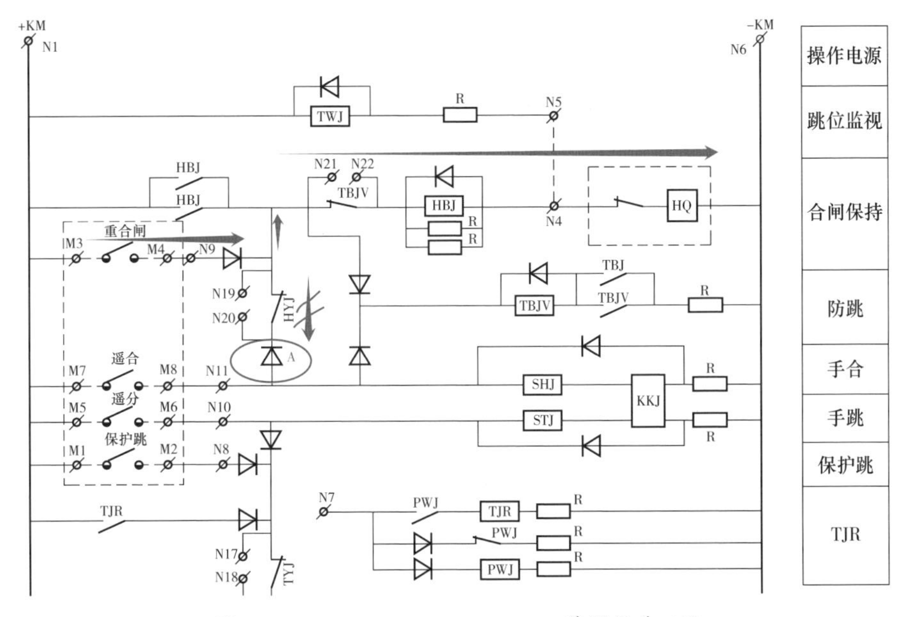

图3-13-5　UDM-502-MIA-A-G装置操作回路

保护合闸2走的是合智一体装置的保护合闸回路（重合闸），但A点位置的二极管朝上导致合闸脉冲正电无法通过A点到达KKJ，从而无法使KKJ励磁动作。备用电源自动投入装置合闸不经KKJ触点会导致合闸后的线路合后位置（HHJ）开关量输入，部分线路保护重合闸无法充电，存在重合闸拒动造成全站失压的风险。且间隔事故总为KKJ串接TWJ节点，若备供线路合上之后再发生故障跳开，设备监控集控站将无法收到事故总信号。

（2）处理措施。发现问题后立即进行如下处理：

1）联系厂家人员到达现场，对站内两条参与备投的线路间隔进行了设备检查，对当前配置下的线路合智一体装置进行了梳理，核查了设备配置文件，确认设备配置正常。

2）利用手持式测试仪对合智一体装置合闸触点进行触点开关量输入核对，将开关量输入试验线接在保护合闸触点两端测量，确认备用电源自动投入装置合电源走的是重合闸（保护合闸）触点，如图3-13-6所示。

图3-13-6　合智一体装置出口触点测试

3）查阅线路保护说明书检查重合闸充电判据中是否有KKJ触点，防止KKJ继电器不动作导致重合闸不充电。该站两条电源线路采用的装置为PRS-713系列装置，重合闸充电逻辑如图3-13-7所示。

重合闸充、放电及启动条件

放电条件（"或"逻辑）	1) 重合闸处于"停用"方式
	2) 重合闸未启动且"低气压(弹簧未储能)闭重"有开入（且持续 200ms）
	3) "闭锁重合闸"有开入
	4) 同期电压异常
	5) 逻辑设定的放电条件（如：多相故障闭重等）
	6) 母线 PT 断线且"PT 断线闭锁重合闸"投入
	7) 控制回路断线
充电条件（"与"逻辑）	1) 不满足重合闸放电条件
	2) 重合闸未启动
	3) 跳位继电器返回（TWJ = 0）、合位继电器动作（HWJ = 1）
启动条件	1) 重合闸已"充电"
	2) 断路器由合位变为跳位或保护发出跳闸命令
	3) 三相无流

图 3-13-7 PRS-713A-D FA-G 重合闸逻辑

4）由于事故总信号是由TWJ触点串接KKJ触点，故与后台厂家对线路间隔的事故总信号进行核对，确认备用电源自动投入装置合上线路因故障跳闸后无法发出事故总信号。

经过现场与厂家沟通分析，确定现场合智一体装置操作回路中保护合闸（重合闸）不经过KKJ触点，现场设计的备用电源自动投入装置合闸回路需要重新下装配置。重新下装配置后SCD虚端子如图3-13-8所示。

内部通道	外部IED	外部端子地址	外部端子描述
1-跳电源1断路器	[IML1102]110kV会同线504合智一体	RPIT/GOINGGIO4.SPCSO9.stVal	保护永跳1
2-合电源1断路器	[IML1102]110kV会同线504合智一体	RPIT/GOINGGIO1.SPCSO7.stVal	测控合闸2
3-跳电源2断路器	[IML1103]110kV飞山线506合智一体	RPIT/GOINGGIO4.SPCSO9.stVal	保护永跳1
4-合电源2断路器	[IML1103]110kV飞山线506合智一体	RPIT/GOINGGIO1.SPCSO7.stVal	测控合闸2

图 3-13-8 新配置SCD虚端子

至此，通过将虚端子拉成测控合闸（手合），备用电源自动投入装置合闸不经过KKJ的问题得到了解决。

3.13.5 监督意见及要求

（1）设计单位应充分考虑设备的可靠性，设计选型时要根据所选的设备功能来进行设计。

（2）基建施工单位应加强设备调试检查，严把设备入网出厂验收关，及时发现二次设备产品质量方面的问题，以免运行时发现缺陷对电网正常运行造成威胁。

（3）在新建及改扩建站工程前期，应提早安排旁站验收人员介入，旁站过程中应加强对SCD文件及虚端子表的核对，并加强对调试人员重点调试项目的监督管控，确保旁站验收不留死角。

（4）建议组织人员再次校对近年智能站SCD文件及虚端子回路，避免发生继电保护“三误”事故。

3.14 一次电缆护层接地方式引起主变压器保护差动电流较大、计量不准及功率不平衡故障分析

- 监督专业：继电保护
- 设备类别：一次电缆
- 发现环节：运维检修
- 问题来源：设备安装

3.14.1 监督依据

设备〔2020〕46号《国网湖南电力设备部关于加强变压器重点隐患排查治理和风险管控措施的通知》

GB 50217—2018《电力工程电缆设计标准》

3.14.2 违反条款

（1）依据设备〔2020〕46号《国网湖南电力设备部关于加强变压器重点隐患排查治理和风险管控措施的通知》14.2条规定，当差动电流大于50mA时应加强对电流回路检查。

（2）依据GB 50217—2018《电力工程电缆设计标准》4.1.11规定，35kV

及以下单芯电力电缆线路不长时，应采用在线路一端或中央部位单点直接接地。

3.14.3 案例简介

2022年3月29日，二次检修人员在某110kV变电站进行二次专业巡视。检修人员在检查1号主变压器差动保护差动电流时发现主变压器A、B套保护三相差动电流都大于0.05A，其中C相达到0.07A。巡视人员查看主变压器保护三侧电压电流相位夹角，发现中压侧410间隔电压电流夹角异常偏大，显示值为143°。巡视人员查看后台机遥测数据，发现410间隔无功功率与35kV出线无功之和严重不平衡，410有功功率及410电流均比35kV出线间隔之和偏小，检查410计量表发现其功率因数为0.82，而其他35kV出线计量表计功率因数均高于0.92。基于以上异常，巡视人员初步判断410间隔设备存在异常，计划利用变电站整站停电检修的机会，申请二次专业对410合并单元进行检查，对410间隔TA变比及二次负荷进行试验核算。停电检查后所有试验均合格，再次检查410充气柜一次接线，发现410一次电缆屏蔽地线未回穿410 TA，导致屏蔽层感应环流不能有效消除，从而影响410穿心式电流互感器的磁通量，进而导致410 TA二次变送电流异常。

3.14.4 故障处理情况

（1）现场检查。变电二次检修班巡视检查主变压器保护差动电流，主变压器三相差动电流分别为0.051A、0.048A、0.073A，依据设备〔2020〕46号《国网湖南电力设备部关于加强变压器重点隐患排查治理和风险管控措施的通知》14.2规定，当差动电流大于50mA时应加强对电流回路检查，现场巡视发现1号主变压器保护差动电流最大达到了73mA，如图3-14-1所示。

测控电流如图3-14-2所示，由图3-14-2可见，主变压器中压侧三相电流都发生了相同程度的相位偏移，从后台数据分析410的A相电流幅值小于出线

404、406电流幅值之和（402此时无负载），如图3-14-3所示。以A相电流为例对电流进行向量分析。

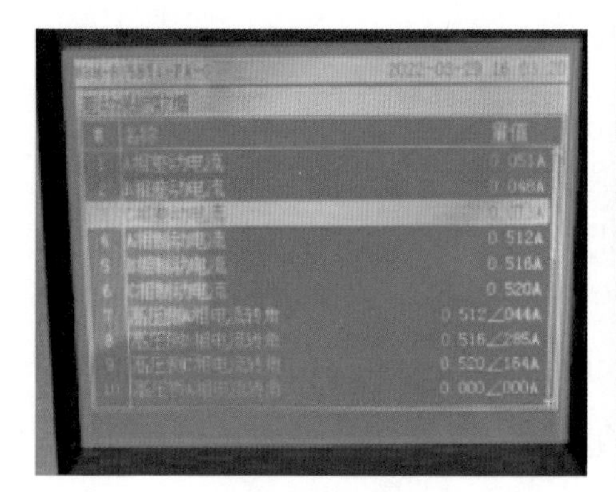

图3-14-1　1号主变压器保护差动电流

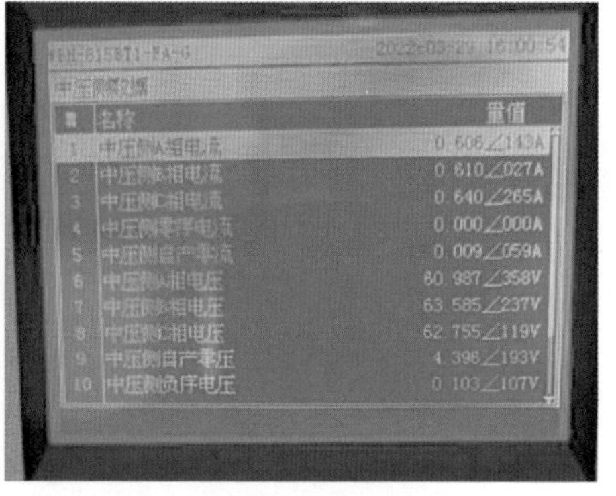

图3-14-2　1号主变压器保护中压侧电流

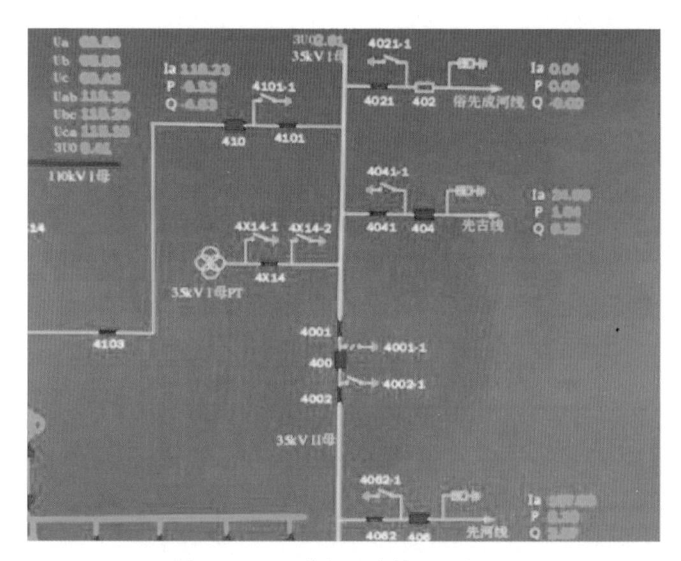

图3-14-3　监控后台机显示电流

（2）向量分析。判断1号主变压器，向量分析如图3-14-4所示。分析如下：

1）404线路：功率因数为0.99，相角为172°，向量表示为24.98∠172。

2）406线路：功率因数为0.92，相角为155°，向量表示为107.06∠155。

3）410间隔：功率因数为0.82，相角为145°，向量表示为118.23∠145。

4）410理论电流：24.98∠172 +107.06∠155=131.2∠158。

5）故障电流：118.23∠145−131.2∠158=31.4∠37.5。

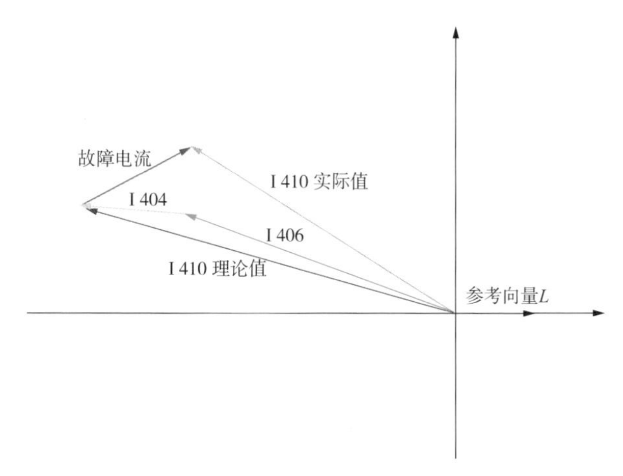

图3−14−4 向量分析

由图3−14−4可知，4103电缆电流中产生约30A的异常感应电流。由于三相电流都有异常，且三相电流的幅值和相位的偏差基本一致，故障点可能在装置、互感器及电缆中。接下来在互感器二次出线处使用钳形电流表进行测量，测得的数据与保护装置基本一致，排除了测控装置的故障。

利用整站停电检修的机会对410电流互感器进行试验与二次负荷核算，试验结果显示电流互感器性能优异，无任何异常，实验数据见表3−14−1。

表3−14−1 410电流互感器试验数据

绕组相别	拐点电压（V）	二次负荷（Ω）	变比	比差	角差（′）
A相（测量）	17.609	0.0522	1000/5.004	0.088%	0.630
B相（测量）	17.021	0.0500	1000/5.006	0.133%	0.519
C相（测量）	17.014	0.0500	1000/5.002	−0.340%	0.552
A相（保护）	127.32	0.0398	1000/4.982	−0.343%	2.652
B相（保护）	126.08	0.0401	1000/4.986	−0.271%	2.857
C相（保护）	121.79	0.0403	1000/4.986	−0.263%	2.767

在打开410开关柜后柜门查看4103电缆（图3-14-5）时发现，4103电缆屏蔽层穿过穿心式电流互感器两端接地（图3-14-6），违反GB 50217—2018《电力工程电缆设计标准》4.1.11中35kV及以下单芯电力电缆线路不长时，应采用在线路一端或中央部位单点直接接地的规定。

图3-14-5 充气柜实物

图3-14-6 410场地电缆屏蔽层接地

4103电缆屏蔽层穿过穿心式电流互感器两端接地且未反穿过电流互感器，屏蔽层中的感应电流穿过互感器导致测量不准。

一般三相回路，由于交流三相电流相位差为120°，所以交流三相电力电缆的电流在正常运行时同一根电缆中电流理论值的向量和为0，伴随电流产生的磁场也为零。当电缆中各芯线流过的电流不平衡时就会在电缆屏蔽层上产生感应电压。由单芯电缆构成的电力传输系统中，电缆导体和金属屏蔽层的关系可以看作一个空心变压器，如图3-14-7所示。电缆导体相当于一次绕组，而金属屏蔽层相当于二次绕组。当流过电缆的工作电流是一交变的交直流电流时，会在导体周围产生交变磁场，在交变磁场中的金属屏蔽层中产生一定的感应电压。

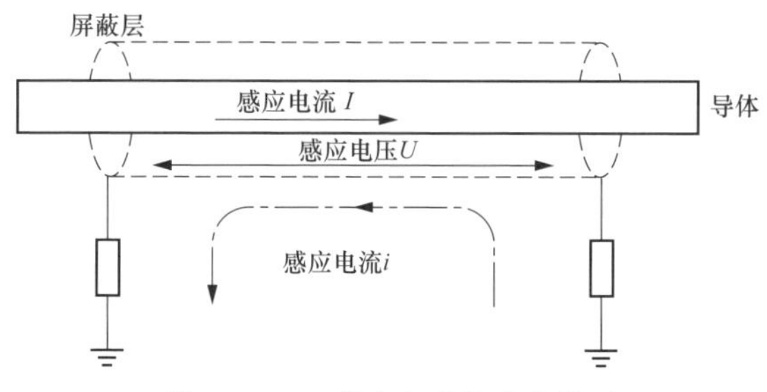

图 3-14-7 感应电流的产生原理

（3）现场处理。二次人员通过细致全面的检查，发现主变压器 4103 电缆穿过穿心式电流互感器，电缆屏蔽层两端接地且未回穿，屏蔽层与地形成了接地环网回路，导致主变压器 410 测控电流计数不准，功率因数下降，计量表损失大量电量，并产生了主变压器差动电流。此时若主变压器差动保护定值较小或线路负荷较大，将导致主变压器差动保护误动事件的发生。

（4）整改措施。结合 110kV 变电站整站停电检修对该缺陷进行处理，将 4103 电缆靠主变压器侧接地开关进行绝缘包缠固定。通过带负荷检查和查看投运 24h 后的数据，确认该缺陷已妥善处理，如图 3-14-8 所示。

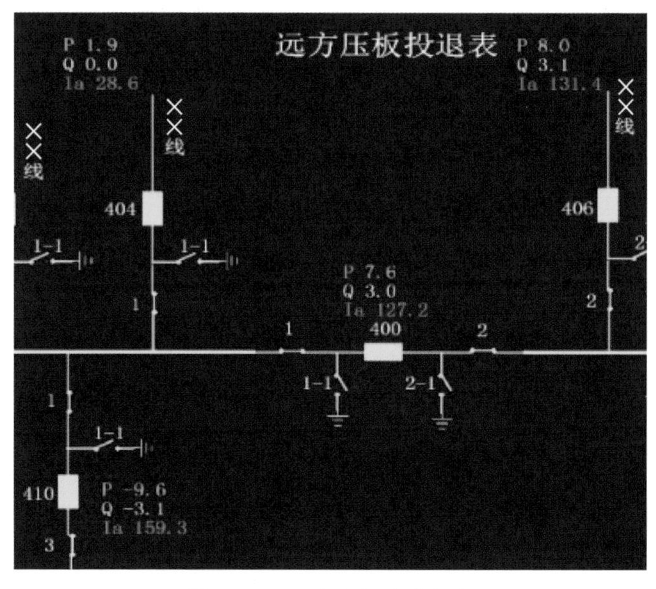

图 3-14-8 处理之后的电流

（5）410间隔处理之后的电流向量分析。具体分析如下：

1）404线路：功率因数为1.00，相角为180°，向量表示为28.6∠180。

2）406线路：功率因数为0.93，相角为159°，向量表示为131.4∠159。

3）410间隔：功率因数为0.95，相角为162°，向量表示为159.3∠162。

4）410理论电流：24.98∠172 +107.06∠155=158.5∠162。

通过分析可知，处理之后404和406A相电流的矢量之和与410A相电流相位一致，大小基本一致，可以断定缺陷已消除。

3.14.5 故障原因分析

由于电缆屏蔽层接地未按照规范进行安装，单芯电缆在无保护措施的条件下两端接地，且两端接地电缆在穿过互感器时未反穿，导致电缆屏蔽层产生的感应电流引起测量不准，从而产生差动电流。

3.14.6 建议的防范措施

（1）建议结合专业化巡视对所辖变电站主变压器进线间隔电缆开展专项排查，检查是否存在屏蔽层两点接地问题、保护装置差动电流是否合格、核对计量数据是否准确，发现问题立即结合停电检修计划及时整改。

（2）加强相关专业人员技能水平培训，包括相关设备规程规范、技术手册、十八项电网重大反事故措施等学习，保证技术人员有充足的理论基础支撑起现场设备安装、运维检修及设备验收工作。

（3）建立竣工验收奖惩制度，对于竣工验收发现的重大隐患缺陷人员进行奖励，相关责任单位落实责任考核，避免出现电网设备带病运行的情况。

3.15 三相不一致延时继电器异常动作导致整组传动试验结果不正确问题分析

- 监督专业：继电保护
- 设备类别：继电器
- 发现环节：运维检修
- 问题来源：产品缺陷

3.15.1 监督依据

国家电网设备〔2018〕979号《国家电网有限公司十八项电网重大反事故措施（修订版）》

3.15.2 违反条款

依据国家电网设备〔2018〕979号《国家电网有限公司十八项电网重大反事故措施（修订版）》15.2.11规定，防跳继电器动作时间应与断路器动作时间配合，断路器三相位置不一致保护的动作时间应与相关保护、重合闸时间相配合。

3.15.3 案例简介

2022年6月12日，检修人员开展某220kV线路间隔整组传动试验工作过程中发现，当断路器在完成一次A相正常跳合闸后，在线路保护充电完成的情况下再次进行B相单跳单重整组传动试验不成功，线路保护动作后断路器随即三跳不重合。现场检修人员发现，操作箱仅点亮“B相跳闸”指示灯，三相分位指示灯均未点亮，线路保护仅点亮“保护跳闸”指示灯，线路保护发“B相分相差动保护动作”报文，且断路器无法手动合闸。检修人员在拉合一次操作电源后，手动合上断路器并再次进行B相单跳单重整组传动试验，断路器动作行为正确，保护装置报文和操作箱指示灯状况也与试验结果一致。但当保护充电完成继续开展C相单跳单重整组传动试验时，断路器异常动作情况复现。后经对合闸回路排查确认，断路器在完成一次单跳单重整组传动试验后其在就地端子箱实现的三相不一致保护的出口继电器已经励磁，但其出口回路的正电受分位闭锁故不会直接动作出口。因此，仅当再次进行单跳单重整组传动试验时三相不一致保护才会立即出口跳开断路器三相不重合，且致使合闸回路被持续断开，故操作箱无位置信号上送且无法手动合闸。

3.15.4 案例分析

220kV线路间隔两套线路保护的重合闸方式均整定为单相重合闸，重合闸时间均整定为0.7s。该间隔断路器采用3AP1-FI型弹簧机构，断路器防跳和三相不一致保护功能均在机构本体就地实现，三相不一致保护延时继电器动作时间整定为1.2s。

由于该间隔线路保护的重合闸时间定值0.7s，远小于就地三相不一致整定延时1.2s，理论上单跳单重整组传动试验不应导致三相不一致出口继电器动作。现场检修人员在进行一次动作行为正确的单跳单重整组传动试验后，经测量电位发现两路三相不一致出口继电器（图3-15-1所示的K61、K63）均已励磁，但推测其励磁动作的时间节点应在断路器重合成功以后，由于其出口回路正电源受三相不一致启动回路的断路器位置动断辅助触点闭锁而无法直接出口。因而，仅当再次进行整组传动试验时，断路器任一相进入分位即刻解除三相不一致出口正电闭锁，三相不一致出口继电器立刻动作并跳开断路器三相，并在其自保持回路的作用下持续励磁并切断合闸回路。

上述两路三相不一致出口继电器在单跳单重整组传动试验中均会异常励磁，说明其启动回路均有异常动作行为。经现场检修人员确认，三相不一致启动回路中断路器辅助触点回路在一次单跳单重整组传动试验中整体闭合及打开时间分别为27ms和795ms，说明两路三相不一致延时继电器（图3-15-1所示的K16、K26）实际感受到的直流激励时间远未达到整定延时1.2s。但在实际单跳单重整组传动试验过程中发现，该两路三相不一致延时继电器正面

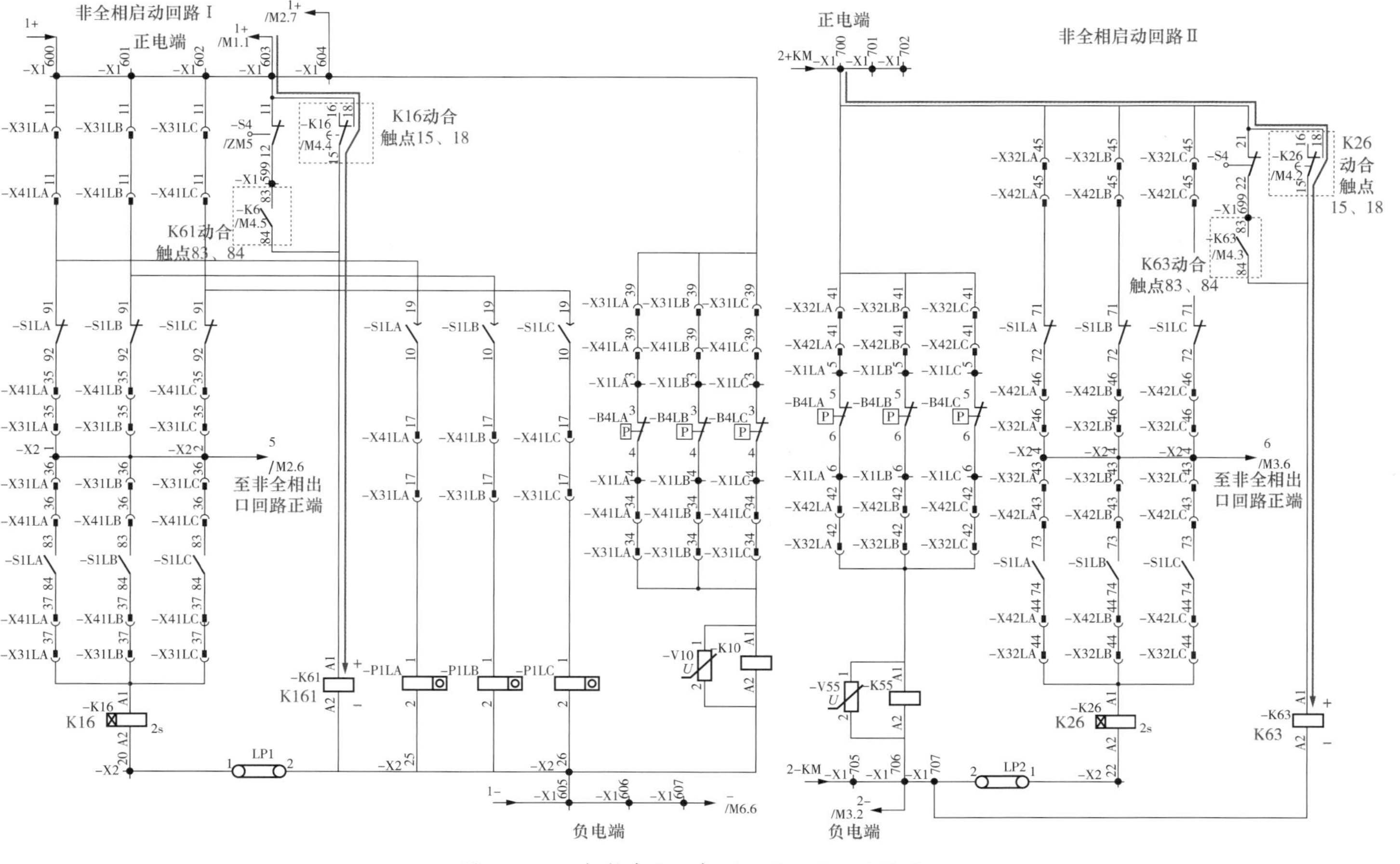

图 3-15-1 机构本体三相不一致二次回路原理

的动作信号灯均有一瞬间亮起的现象（如图3–15–2所示），证明其在未达到整定时长的直流激励时间下仍可动作，且正因为该异常动作现象才导致三相不一致出口继电器异常励磁动作并自保持。

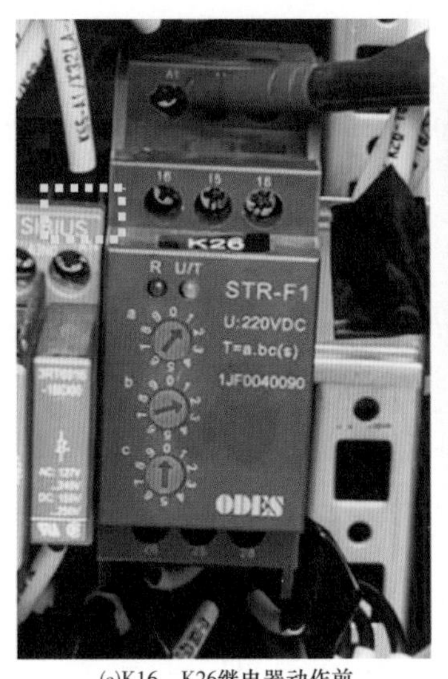

(a)K16、K26继电器动作前　　(b)K16、K26继电器动作瞬间

图3–15–2　K16、K26继电器动作情况对比

进一步对上述三相不一致延时继电器在不同整定时长下动作所需的直流激励时间进行测试，结果见表3–15–1。

表3–15–1　不同整定时长下三相不一致延时继电器动作所需直流激励时长

继电器整定时长（s）	<0.5	1.2	1.3	2
继电器动作所需直流激励时长（ms）	任意时长	>740	>840	>1530

该测试结果有力地证明，在一次单跳单重整组传动试验中该款三相不一致延时继电器在775ms（795–20=775）的直流激励时长下确实能异常动作，并使得三相不一致出口继电器励磁并自保持，其完整动作时间轴如图3–15–3所示。

三相不一致延时继电器动作特性如图3–15–4所示，由图3–15–4可知，其激励源消失后延时继电器应立即返回，但实际测试结果与此动作特性不一致。

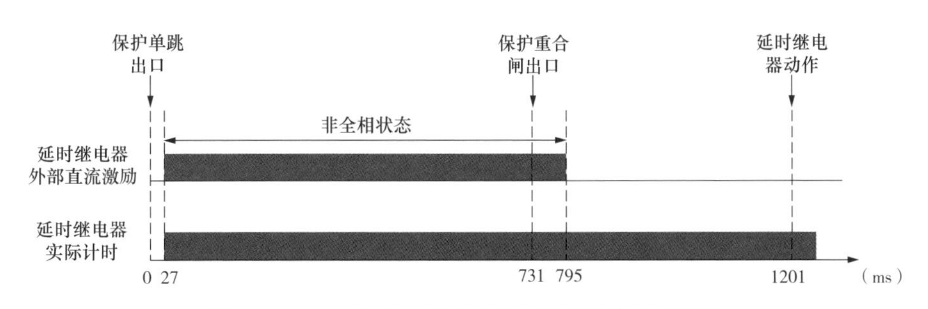

图 3-15-3　三相不一致延时继电器动作过程时间轴

经与该公司相关技术人员咨询后发现，该批次产品确实存在由于内部电路逻辑导致的自展宽约500ms的现象。

图 3-15-4　三相不一致延时继电器动作特性

现场检修人员在更换了动作特性校验无误的时间继电器后重新开展三相不一致回路试验和整组传动试验，断路器动作行为正确，现场装置报文、指示灯、信号均无异常，试验结果合格。

3.15.5 监督意见及要求

（1）对所辖变电站内所有220kV及以上线路间隔三相不一致延时继电器的型号进行全面排查，同时核实三相不一致出口继电器是否励磁、监控后台是否有三相不一致出口继电器动作信号。

（2）各类型检修工作中应进一步规范整组传动试验流程，严格遵照公司颁布的典型作业法执行。

（3）对断路器就地实现的三相不一致保护功能进行检验，应对三相不一致延时继电器动作特性进行针对性检验，以排查延时继电器是否具有自展宽延时特性。

3.16 断路器机构箱三相不一致存在自保持回路故障分析

- 监督专业：继电保护
- 设备类别：二次元器件
- 发现环节：运维检修
- 问题来源：例行检修

3.16.1 监督依据

国家电网企管〔2022〕29号《继电保护和安全自动装置验收规范》

3.16.2 违反条款

（1）依据国家电网企管〔2022〕29号《继电保护和安全自动装置验收规范》7.5.1.16规定，模拟各种类型的故障，检查继电保护装置逻辑功能，其动作行为应正确。

（2）依据国家电网企管〔2022〕29号《继电保护和安全自动装置验收规范》7.6.6规定，保护装置整组传动验收时，应按照实际主接线方式，检验保护装置之间的相互配合关系和断路器动作行为正确，保护装置、站端后台、调度端的各种保护动作、异常等相关信号应齐全、准确、一致，符合设计和装置原理。

3.16.3 案例简介

（1）校验工作结果分析。2021年10月28日，二次检修人员对220kV线路606线路保护开展装置校验工作（A4类检修）。对606线路A、B套保护装置进行逻辑校验，试验结果均正确动作、报文无误。

（2）传动试验结果分析。对606线路A、B套保护装置进行整组传动试验，试验结果存在以下问题：

1）进行线路保护单相重合闸试验，仅装置逻辑校验时均正确动作、报文无误，进行实际传动，任意一相跳开后，其余两相瞬时跳开，闭锁重合闸。

2）检查保护装置内定值、控制字及开关量输入均无异常。

3）检查本间隔后台遥信开关量输入，发现有非全相保护动作信号（常发信，未复归）。

（3）核查断路器机构情况分析。在核查断路器机构时发现以下问题：

1）该断路器机构在以往的非全相保护中增添设计了非全相自保持回路。

2）异常情况发生时由于刚进行机构调试，没有对非全相自保持回路进行复归但恢复了试验前状态（退出了XB3、XB4非全相出口压板，XB1、XB2非全相功能压板保持投入）。

主分闸线圈非全相保护原理图如图3-16-1所示，部分二次元器件编号含义：①XB1：主分闸线圈非全相保护功能压板；②XB2：副分闸线圈非全相保护功能压板；③XB3：主分闸线圈非全相保护出口压板；④XB4：副分闸线圈非全相保护出口压板；⑤SB7：主分闸线圈非全相保护自保持解除按钮；⑥SB8：副分闸线圈非全相保护自保持解除按钮；⑦KL1：主分闸线圈非全相控制中间继电器；⑧KL2：副分闸线圈非全相控制中间继电器；⑨KT1：主分闸线圈非全相时间继电器；⑩KT2：副分闸线圈非全相时间继电器。

（4）功能性验证结果分析。依据保护校验时的异常情况进行逐步验证方法，对606线路断路器机构内非全相回路功能进行功能性验证：

1）退出非全相出口压板（XB3/XB4，保留XB1/XB2投入），就地合上断路器（三相），就地分开断路器A相后其余两相未动作，1.2s后非全相保护动作（仅时间继电器和控制中间继电器动作，断路器实际未出口）。

2）合上A相，非全相保护未复归，测控及保护装置除了非全相动作信号外无其他异常信号。

3）再次就地分开断路器A相，瞬时其余两相也同时跳开（非全相仅投入出口压板，动作信号依旧没有复归）。

4）合上断路器将步骤3再次重复，试验结果一样。

5）将非全相自保持功能解除，再次试验步骤1）～3），试验结果正常。

依据试验结果，初步怀疑为非全相自保持回路设计存在问题，从而导致在非全相压板未投入时，非全相保护依旧能跳开断路器，依据试验现象和二次回路接线得出以下问题：

如图3-16-1所示，非全相回路设计中较以往新增了一个自保持回路，根据回路基本原理发现增加了非全相自保持回路使得断路器从非全相状态进入正常状态，非全相保护也不会复归。

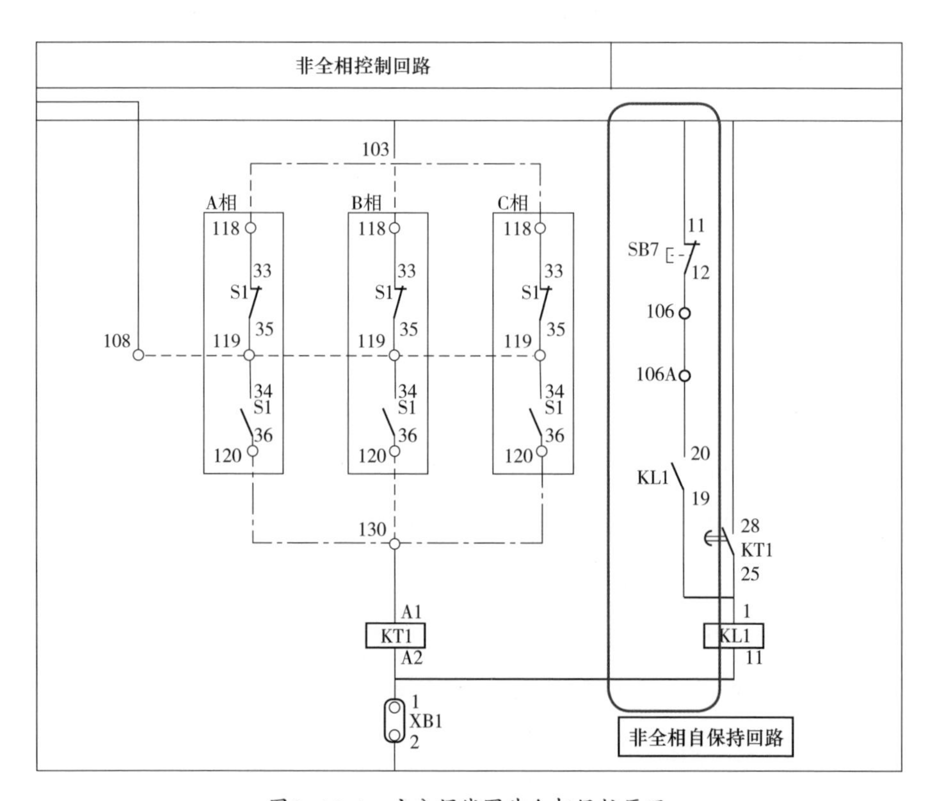

图3-16-1　主分闸线圈非全相保护原理

如图3-16-2所示，KL1（主分闸线圈非全相控制中间继电器）、KL2（副分闸线圈非全相控制中间继电器）励磁后自保持不跟随一次设备的状态而复归，导致KL1、KL2分闸回路中的动合触点闭合。

自保持状态下，进行试验步骤3）时手动闭合就地分闸按钮，正电（101）由143号端子通过KL2（3-4）传导至KL2（6-7）、KL2（9-10），未经过XB3、XB4出口压板及时间继电器控制直接瞬时跳开了其余两相断路器。

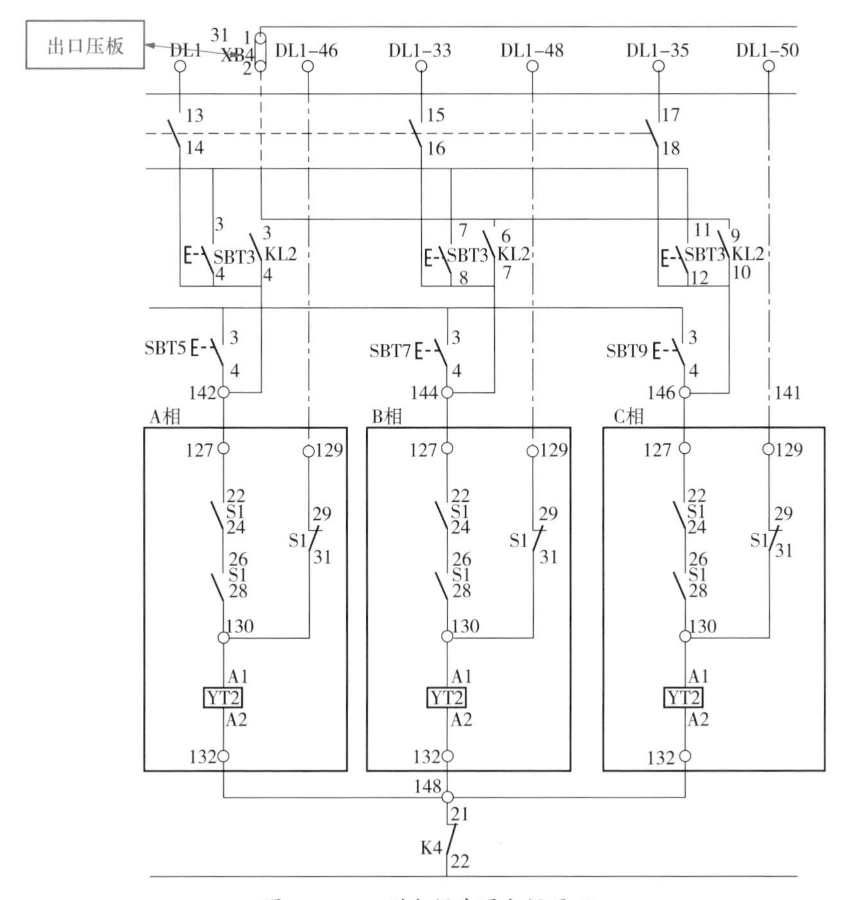

图3-16-2　副分闸线圈分闸原理

3.16.4 案例分析

通过断路器传动试验和断路器机构原理图得出结论：由于厂家非全相保

护自保持功能的设计导致了非全相保护不经过非全相出口压板在单相重合闸时可以瞬时跳开其他两相断路器现象的发生，该次检修后解除了非全相自保持功能。

3.16.5 监督意见及要求

此类设计的存在，如果在日常运行中线路发生单相故障时，不及时复归三相不一致信号，将出现断路器单跳后无法重合事故的发生，严重威胁到设备、电网的安全稳定运行。

可采取如下防范措施：

（1）严格把好二次施工设计图审核关，加强设计图纸审核，强化源端管控。

（2）严格把好现场旁站验收关，试验项目严格按照标准化作业指导书逐项进行。

（3）结合巡检或停电机会排查在运其他220kV断路器机构三相不一致设计回路。

3.17 SF_6压力闭锁继电器电源设计错误导致回路异常故障分析

- 监督专业：变电二次
- 设备类别：二次回路
- 发现环节：运行维护
- 问题来源：设备设计

3.17.1 监督依据

国家电网设备〔2018〕979号《国家电网公司十八项电网重大反事故措施（修订版）》

3.17.2 违反条款

依据国家电网设备〔2018〕979号《国家电网公司十八项电网重大反事故

措施（修订版）》15.2.2.3规定，220kV及以上电压等级断路器的压力闭锁继电器应双重化配置，防止其中一组操作电源失去时，另一套保护和操作箱或智能终端无法跳闸出口。

3.17.3 案例简介

2021年5月，检修人员对220kV母联600间隔开展例行试验工作，发现600断路器处于合位情况下，当拉掉第一组操作回路电源，会发出两组控制回路断线告警信号和SF_6气压低闭锁信号，两套合位指示灯均会熄灭。如图3-17-1所示。

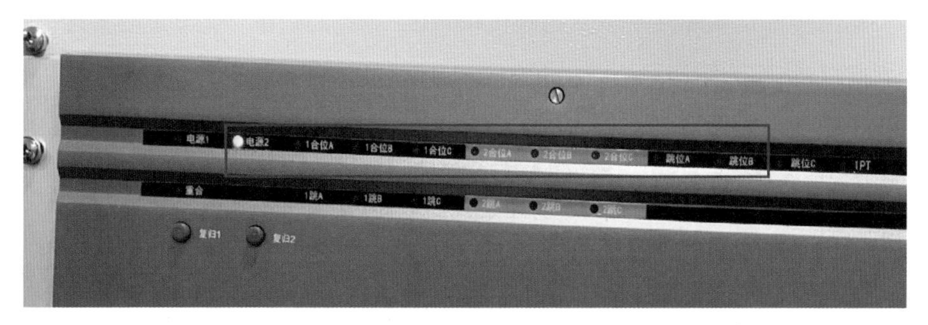

图3-17-1　拉掉第一组操作电源，两组合位指示灯熄灭

当拉掉第二组操作回路电源时，仅出现第二组合位指示灯熄灭、第二组控制回路断线等情况，现象正常，如图3-17-2所示。

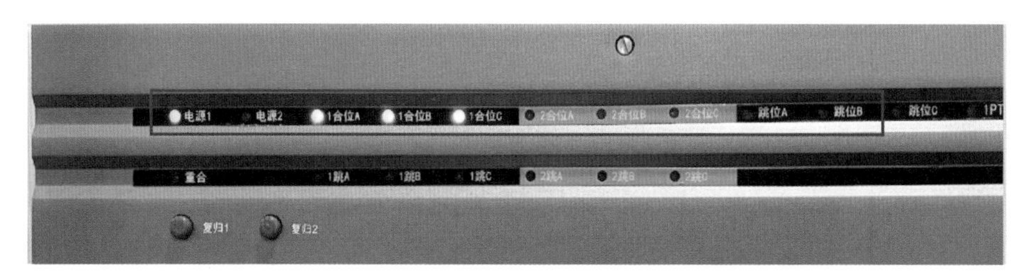

图3-17-2　拉掉第二组操作电源，仅第二组合位指示灯熄灭

后期进行1号主变压器610、线路602间隔检修工作时，同样也出现上述问题。三个间隔故障类型一致，以220kV母联600间隔示例说明。

3.17.4 案例分析

（1）现场检查。为快速锁定故障点，现场将220kV母联600间隔断路器合闸后，拉掉第一组操作电源，并在保护屏柜量取电位进行分析，检修人员发现屏内两组分闸回路的37节点均未收到负电源，且两组控制回路的正负电源正常，可以排除回路断线点在保护屏内的可能性。

实际上，通过分析异常信号可以发现，当拉掉第一组操作电源后，母联600间隔不仅会发出两组控制回路断线信号，还出现了SF_6气压低闭锁信号。检修人员根据推断，初步怀疑断线点是因SF_6气压低闭锁引起。

通过查询母联600间隔断路器机构箱的二次原理图，检修人员发现该机构有两组SF_6压力闭锁继电器，元件编号为K10和K55，如图3-17-3所示。

图3-17-3　600间隔机构箱内两组SF_6压力闭锁继电器

此外，检修人员到现场发现，这两组 SF_6 压力闭锁继电器已经失电（拉掉第一组操作电源的情况）。但根据图纸描述，K10为第一组 SF_6 压力闭锁继电器，工作于第一组控制回路，K55为第二组 SF_6 压力闭锁继电器，工作于第二组控制回路，两组 SF_6 压力闭锁继电器单独作用，不应出现上述情况，故可以推测这两组 SF_6 压力闭锁继电器工作电源的配置存在问题。

从现场接线情况也能看出，第一组 SF_6 压力闭锁继电器K10的两对动合触点分别串入至合闸回路和第一路分闸回路，第二组 SF_6 压力闭锁继电器K55的一对动合触点串入至第二路分闸回路，如图3–17–4、图3–17–5所示。

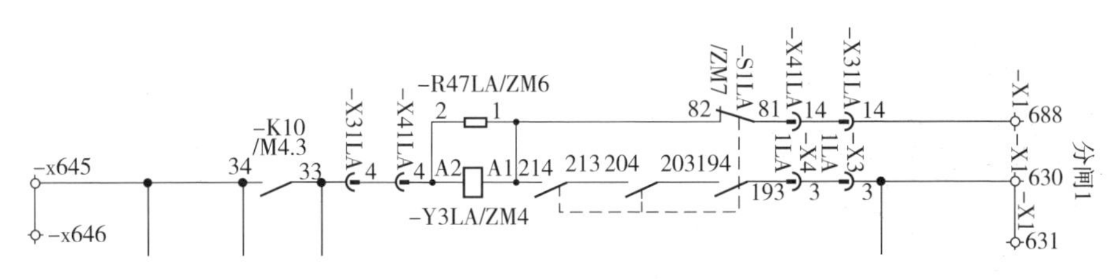

图3–17–4　第一组 SF_6 压力闭锁继电器的动合触点串入第一组分闸回路

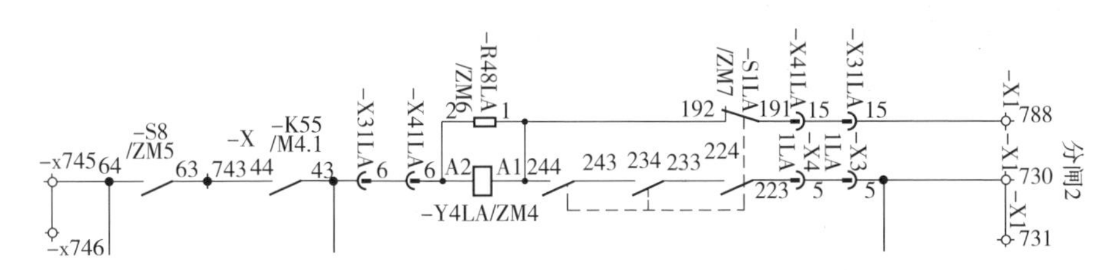

图3–17–5　第二组 SF_6 压力闭锁继电器的动合触点串入第二组分闸回路

为进一步观察两组 SF_6 压力闭锁继电器的励磁情况，现场通过实际模拟两组控制回路断线现象进行分析，具体如下：

1）当拉掉第一组控制回路电源后，第一组 SF_6 压力闭锁继电器K10和第二组 SF_6 压力闭锁继电器K55同时失电，其动合触点打开，导致两路分闸回路断线，并发出 SF_6 气压低闭锁信号。

2）当拉掉第二组控制回路电源后，两组 SF_6 压力闭锁继电器正常励磁，其串入分闸回路的动合触点闭合，但仍发出 SF_6 气压低闭锁信号。

由上述现象可推测，该两组SF_6压力闭锁继电器工作电压共用一组直流操作电源，且采用第一组操作电源。检修人员通过仔细排查SF_6压力闭锁回路发现，第二组SF_6压力闭锁继电器K55工作正电源（1031号端子）短接至第一组控制正电源（600号端子），其工作负电源（1032号端子）短接至第一组控制负电源（646号端子），如图3-17-6～图3-17-8所示。

图3-17-6　第二组SF_6压力闭锁继电器K55工作电源现场接线

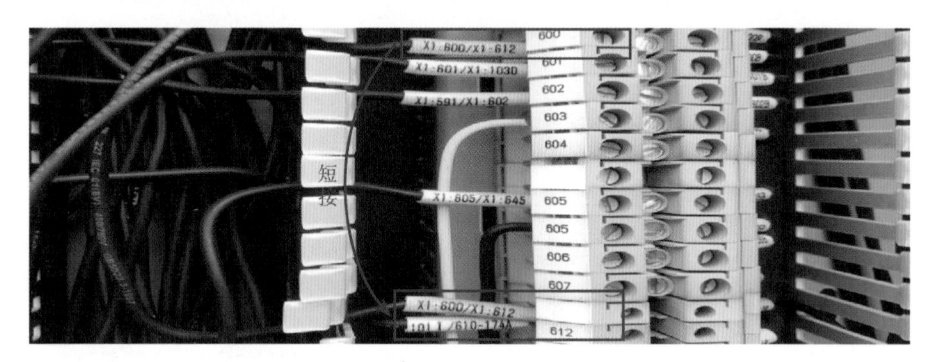

图3-17-7　第一组控制正电源现场接线

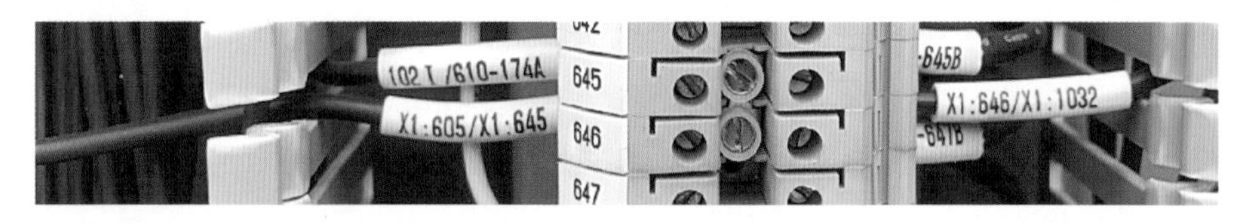

图3-17-8　第一组控制负电源现场接线

故当第一组控制回路电源消失后，两组SF_6压力闭锁继电器失电，其动合触点打开，导致两组分闸回路断线。

此外，检修人员发现该间隔SF_6气压低闭锁信号的发信回路，是将两组SF_6压力闭锁继电器动断触点短接后并发，即当任意一组SF_6压力闭锁继电器失电后，均会发出SF_6气压低闭锁信号，这也就解释了第一组操作电源失电后会发出SF_6气压低闭锁信号。

（2）原因分析与处理措施。综上所述，该缺陷是因为两组压力闭锁继电器共用一组工作电源，从而导致功能不满足双重化配置要求。该缺陷属于二次回路严重缺陷，违反国家电网设备〔2018〕979号《国家电网公司十八项电网重大反事故措施（修订版）》15.2.2.3中220kV及以上电压等级断路器的压力闭锁继电器应双重化配置的规定，导致其中一组操作电源失去时，另一套保护和操作箱或智能终端无法跳闸出口。

现场将第二组SF_6压力闭锁继电器K55改用第二组操作电源，并将SF_6气压低闭锁信号的发信回路更改为两组SF_6气压低闭锁继电器动断触点串接后，再进行控制回路的双重化验证。具体如下：

1）当拉掉第一组控制回路电源后，仅第一组控制回路断线，操作箱的第一组合位灯熄灭，只发出第一组控制回路断线信号，如图3-17-9所示。

图3-17-9　拉掉第一组操作电源，仅第一组合位指示灯熄灭

2）当拉掉第二组控制回路电源后，仅第二组控制回路断线，操作箱的第二组合位灯熄灭，只发出第二组控制回路断线信号，如图3-17-10所示。

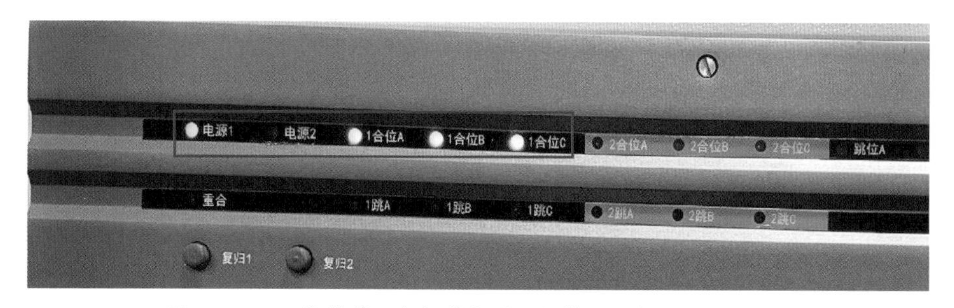

图3-17-10　拉掉第二组操作电源，仅第二组合位指示灯熄灭

3）当拉掉第一组和第二组操作电源后，发出两组控制回路断线信号、SF_6气压低闭锁信号。

3.17.5 监督意见及要求

（1）严格按照保护校验规程进行校验，特别是针对双重化配置的保护装置、出口压板、操作箱、继电器等设备，应分别单套验证，防止试验漏项。

（2）立即清查同批次断路器产品是否存在同类问题，及时发现并整改到位。

4 其他设备技术监督典型案例

4.1 110kV母线支柱绝缘子开裂导致红外异常分析

- 监督专业：电气设备性能
- 设备类别：母线支柱绝缘子
- 发现环节：运维检修
- 问题来源：设备制造

4.1.1 监督依据

《国家电网公司变电检测管理通用细则第1册红外热像检测细则》

4.1.2 违反条款

依据《国家电网公司变电检测管理通用细则第1册红外热像检测细则》附录E中表E.1规定，电压致热型设备缺陷诊断判据为瓷绝缘子由于表面污秽引起绝缘子泄漏电流增大，温差达到0.5K以上，属电压致热型严重缺陷。

4.1.3 案例简介

某供电公司220kV某变电站110kV Ⅰ母为LF21-ϕ100/90型绝缘支柱式管型母线，出厂日期为1999年04月01日，投运日期为1999年11月01日，现已运行18年。2013年10月，对该母线进行了停电检查维护，并对其母线支柱绝缘子进行超声波探伤，未发现母线支柱绝缘子开裂或内部缺陷。

2018年1月20日，运维人员在巡视220kV某变电站110kV Ⅰ母设备时发现该母线西段南侧A相第一柱支柱绝缘子存在较大的异常放电声响，立即汇报检修单位。1月21日，检修人员到场开展检测，发现该支柱绝缘子最底部一片伞裙处脏污严重且放电痕迹明显，红外检测显示该绝缘子下截部分存在明显异常发热。当天下雨，空气湿度极大，支柱绝缘子受污秽放电影响较大，难以准确判定缺陷性质。2月1日再次开展检查，发现该支柱绝缘子肉眼可见底部第一片伞裙对底座法兰明显放电。红外检测发现该支柱绝缘子底部第1～5片伞裙存在严重发热，最高温度分别为17℃和14.7℃，依据《国家电网公司变电检测管理通用细则第1册红外热像检测细则》与DL/T 664—2016《带电设备红外诊断应用规范》，该缺陷属于严重电压致热型缺陷，需尽快停电检查处理，必要时更换该支柱绝缘子。

4.1.4 案例分析

（1）红外测温。缺陷支柱绝缘子的可见光、红外测温图谱如图4-1-1所示。

(a)支柱绝缘子底部伞裙污秽严重　(b)支柱绝缘子伞裙发热图

(c)支柱绝缘子可见光图　(d)支柱绝缘子红外发热图

图4-1-1　支柱绝缘子可见光与红外发热组图

（2）初步分析。依据上述设备现象，初步分析判定该支柱绝缘子异常放电及异常发热原因如下：

1）表面脏污，绝缘子伞裙间存在污秽放电。

2）绝缘子损伤或开裂，导致其内部受潮，绝缘子上部绝缘降低，甚至发展成为零值绝缘伞裙，导致绝缘子有效绝缘部分缩短，绝缘子对地放电加剧。

3）底部第一片伞裙与底座法兰之间有间隙导致悬浮放电，第五片伞裙与第四片或第六片伞裙之间内部有间隙导致悬浮放电。

（3）缺陷处理。2月7日停电对220kV某变电站110kV Ⅰ母进行检修，检修内容及检修结果如下：

1）110kV Ⅰ母西段南侧A相第一柱支柱绝缘子更换为同参数、外观检查及超声波探伤检查合格的绝缘子。

2）对该母线其他所有支柱绝缘子进行检查清扫及绝缘子超声波探伤，均合格。

3）将该母线所有固定金具按“一紧三松”要求进行全面的检查，均合格。

（4）解体分析。外观检查及解体检查分析：该支柱绝缘子共计伞裙13片，从顶部第1~8片伞裙出现贯穿性裂痕，如图4-1-2所示，裂痕两侧存在明显的放电痕迹。

开展解剖分析及超声波探伤检测，裂痕深度已延伸至绝缘子内部中心位置，如图4-1-3、图4-1-4所示。

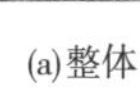

(a)整体　　(b)细节

图4-1-2　问题支柱绝缘子贯穿性裂痕

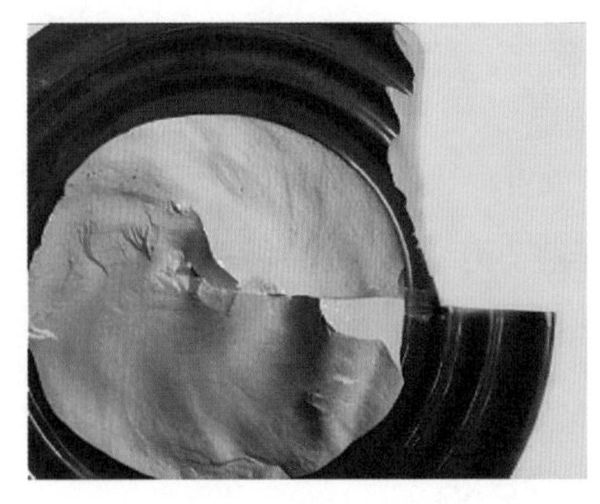

图4-1-3　裂痕延伸至绝缘子内部

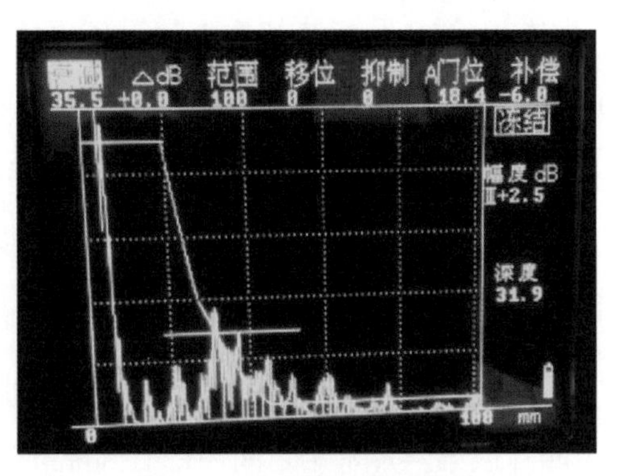

图4-1-4　超声波探伤图谱

仔细观察裂痕截面，可以发现该截面表面及裂痕周围存在明显放电烧蚀痕迹，可见该裂痕内部及周围已存在长期爬电或导通现象，如图4-1-5所示。

检查该绝缘子底部5片未出现裂痕的伞裙时可发现，该伞裙表面存在非常明显的剧烈放电痕迹，如图4-1-6所示。且其放电痕迹较均匀地分布于该段绝缘子的表面，未形成集中放电痕迹。

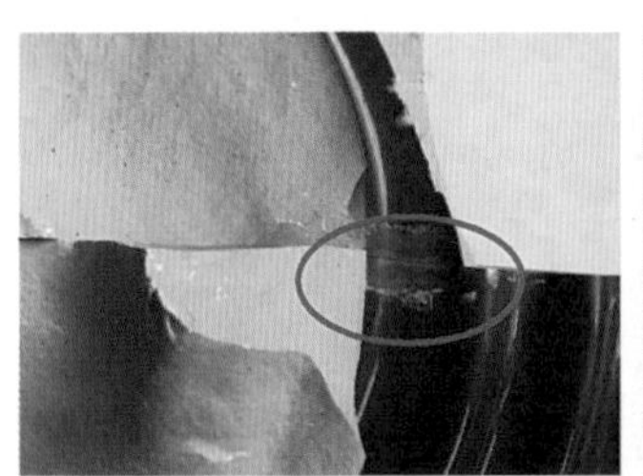
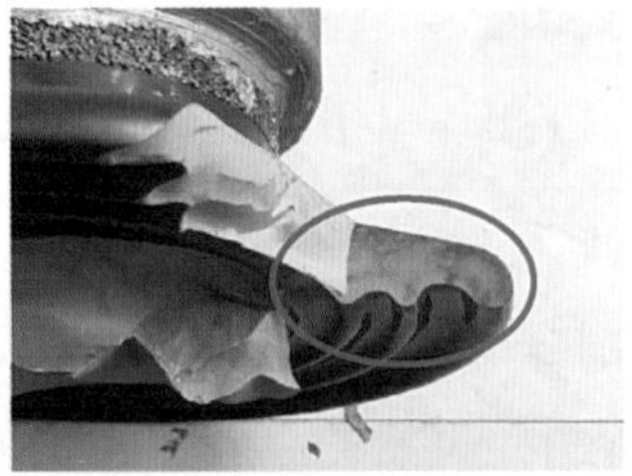

图4-1-5　明显放电烧蚀痕迹

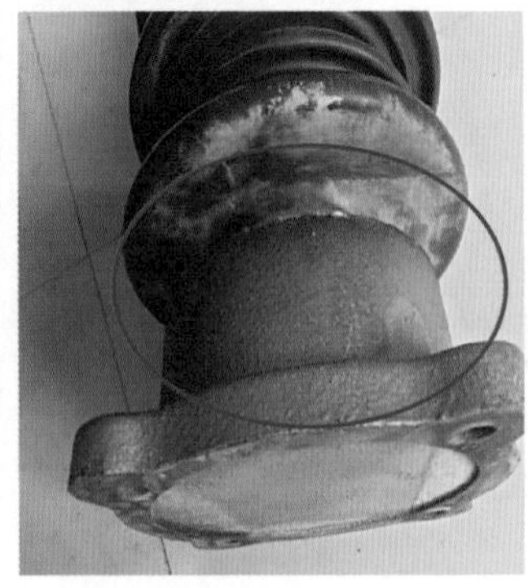

图4-1-6　底部伞裙完好，但有剧烈放电痕迹

（5）整体分析。该支柱绝缘子从顶部第1～8片伞裙存在贯穿性裂痕，长期受雨水浸泡发生爬电或导通现象，致使8片伞裙成为零值或低值绝缘伞裙，底部5片支柱几乎承受了母线全部相电压，其外绝缘爬电距离不足（经测量为1200mm），表面长期剧烈放电，从而使该支柱绝缘子出现底部第1～5片伞裙发热严重且伴随着明显放电声现象，如图4-1-7所示。

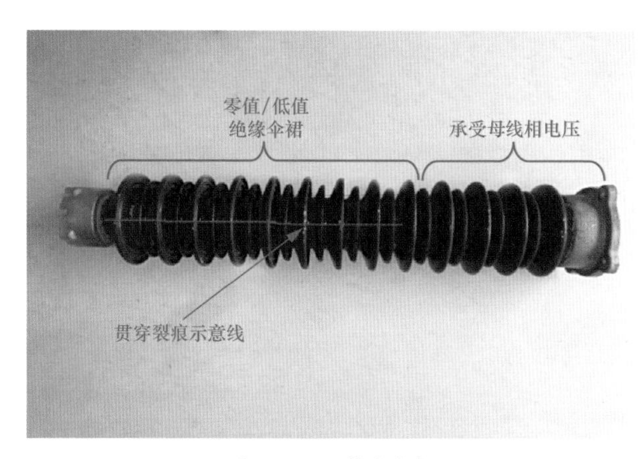

图4-1-7　整体分析

4.1.5 监督意见及要求

（1）该案例中110kV母线支柱绝缘子剧烈放电、红外过热的原因：支柱绝缘子因瓷质缺陷产生贯穿性裂痕，长期受雨水浸泡，部分伞裙被击穿，整体绝缘性能下降。

（2）贯穿性裂痕产生的原因：产品质量不佳，上部法兰浇筑位置热胀冷缩产生裂痕，在内部爬电的催化下，裂痕不断加深加长。若此贯穿裂痕继续发展，可能导致该支柱绝缘子所有伞裙被全部贯穿、支柱绝缘子整体击穿，最终出现绝缘子炸裂、母线接地故障。

（3）设备运维检修管理过程中，遇到类似问题，应立即更换有问题的支柱绝缘绝缘子，防止缺陷发展、蔓延，避免母线倒塌或母线接地事故发生，保证电网和设备安全。

4.2 35kV母线穿墙套管受潮导致局部放电异常分析

- 监督专业：电气设备性能
- 设备类别：穿墙套管
- 发现环节：运维检修
- 问题来源：运维检修

4.2.1 监督依据

《电力设备带电检测规范（试行）》（2010年版）

《国家电网公司变电检测管理规定（试行）第4分册超声波局部放电检测细则》（2016年版）

4.2.2 违反条款

依据《电力设备带电检测规范（试行）》（2010年版）第11项规定，开关柜超声波检测数值大于15dB判断为缺陷。

依据《国家电网公司变电检测管理规定（试行）第4分册超声波局部放电检测细则》（2016年版）规定，根据连续图谱、时域图谱、相位图谱和特征指数图谱判断测量信号是否具备50Hz/100Hz相关性。若是，说明可能存在局部放电，需继续分析处理。

4.2.3 案例简介

2019年3月20日，某供电公司检修公司通过超声波检测手段对110kV某变电站进行开关柜局部放电检测过程中发现，1号主变压器35kV侧穿墙套管进线母线桥附近超声波异常，幅值13dB，存在100Hz相关性。因该进线母线桥位置较高，超声波检测需尽可能靠近局部放电点，现场检测难度较大。考虑母线桥内设备仅有支柱绝缘子和穿墙套管，现场通过多角度、近距离测量，发现靠近A相穿墙套管处超声波幅值最大，判断局部放电点在穿墙套管处，需尽快处理。根据《电网设备诊断分析及检修决策》的规定，变电检修室第一时间采购备件并安排了停电诊断，停电后发现1号主变压器35kV侧穿墙套管A、C相尾端伞裙处均存在不同程度的电腐蚀，现场已进行更换。更换后，耐压试验合格，局部放电测量无异常。

4.2.4 案例分析

（1）局部放电测量情况。110kV某变电站1号主变压器35kV穿墙套管处超声波检测图谱如图4-2-1所示。

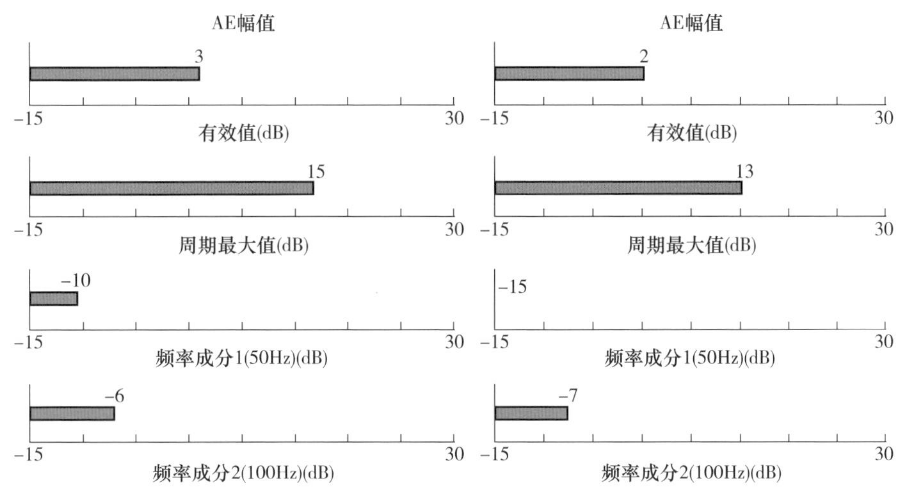

图4-2-1 110kV某变电站1号主变压器35kV穿墙套管处超声波检测图谱

考虑仪器在离母线桥4m左右的距离处都能测得15dB幅值的超声波信号及比较明显的100Hz相关性，现场试验人员判断该处应存在严重的沿面放电，需尽快核实缺陷部分并进行处理。对此，试验人员对母线桥处进行了多方位的测量，最终在母线桥A相侧测得最大幅值22dB。在最大测量点处超声图谱及仪器传感器所指向位置如图4-2-2、图4-2-3所示。

由最大检测点判断，母线桥内A相穿墙套管处存在放电缺陷，其他相是否存在放电缺陷需停电进一步核查。

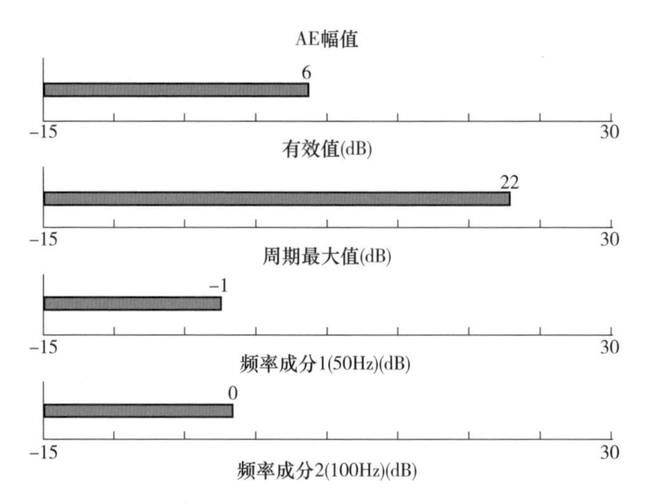

图4-2-2　母线桥A相侧测得最大幅值图谱

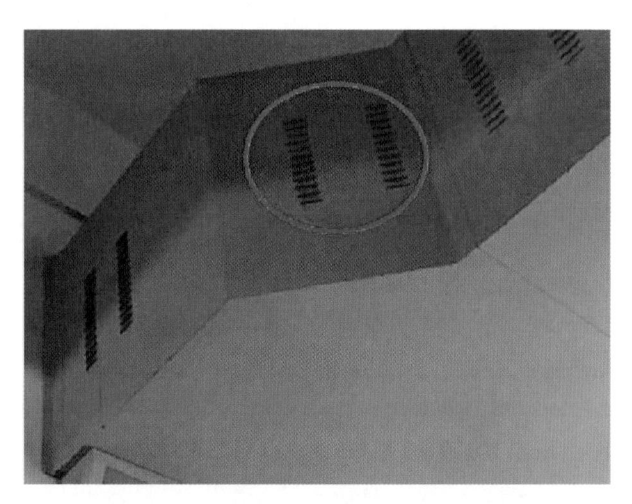

图4-2-3　超声波幅值最大处传感器指向位置

（2）现场检查。发现缺陷后，试验人员对该穿墙套管运行环境进行了检查。发现封闭母线桥靠墙体周围白色墙漆有受潮脱落迹象，具体情况如图4-2-4所示。

同时，墙体其他与外墙存在连接的部位均有不同程度进水受潮迹象。对此，判断母线桥内可能存在因进水受潮、灰尘等导致的设备绝缘不良，需尽快停电检查并处理。

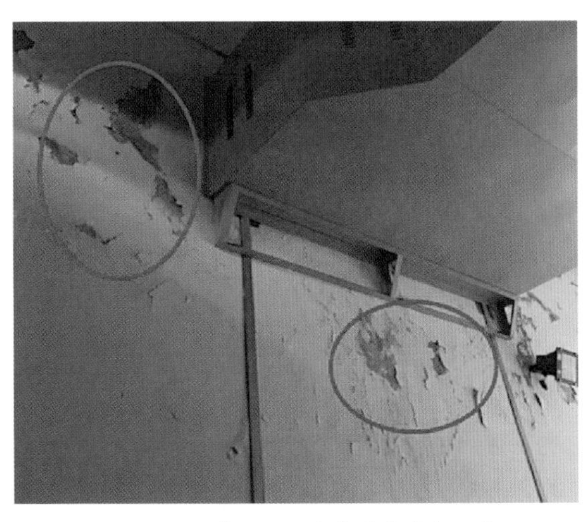

图4-2-4　墙体周围白色墙漆受潮脱落

（3）停电检查。4月22日，检修公司对1号主变压器进行停电检查，打开封闭母线桥后，发现A相穿墙套管一片伞裙已放电裂开，C相也存在放电腐蚀。具体情况如图4-2-5、图4-2-6所示。

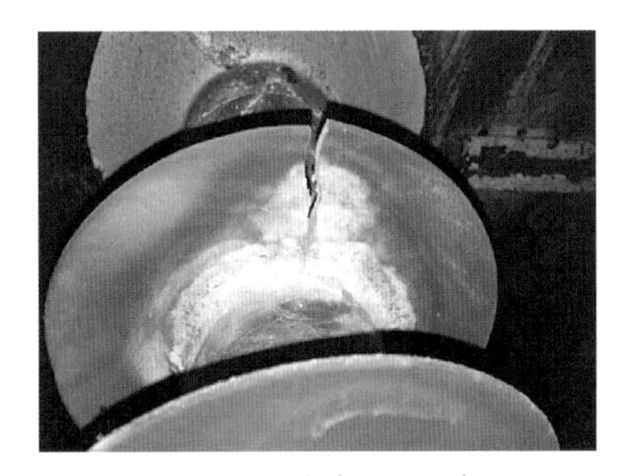

图4-2-5　A相伞裙放电裂开

图4-2-6　C相穿墙套管发电腐蚀

检查发现，母线桥内有进水痕迹，内部湿气较重，现场已通知运维人员对墙体防水进行处理。同时，现场已将三相穿墙套管均更换为瓷质穿墙套管，防止防水措施不到位继续发生设备缺陷。

（4）多点局部放电图谱分析。针对试验人员对多点放电诊断经验不足的问题，变电检修室组织试验人员利用已有缺陷的A、C相穿墙套管，通过三相电源模拟A、C相套管运行状况，并由试验人员进行局部放电测量及对局部放电图谱进行分析，现场试验情况如图4-2-7所示。

图4-2-7　左侧为A相穿墙套管、右侧为C相穿墙套管

将三相低压电源中的A、C相分别输入到2组试验回路操作箱，通过试验变压器输出相位差为120°的高压电源，模拟有缺陷的两相穿墙套管运行状况。现场将两组试验变压器先后单独升压至22kV后进行局部放电测量，再将两组试验变压器同时升压至22kV后进行多点放电的局部放电测量。因超声波传播速度较慢，在系统电压的一个周期内能传播6.8m左右（以超声波速度340m/s计算），为防止测量距离影响波形图谱判断，现场测量均在离A、C相套管距离相同的中间线上测量。同时，为保证不同方式下测量图谱波形对比性，现场已采用外同步的方式进行测量。因沿面放电为一个周期有两簇信号，此时理论上A、C相放电图谱将存在60°的相位差，具体测量图谱如图4-2-8所示。

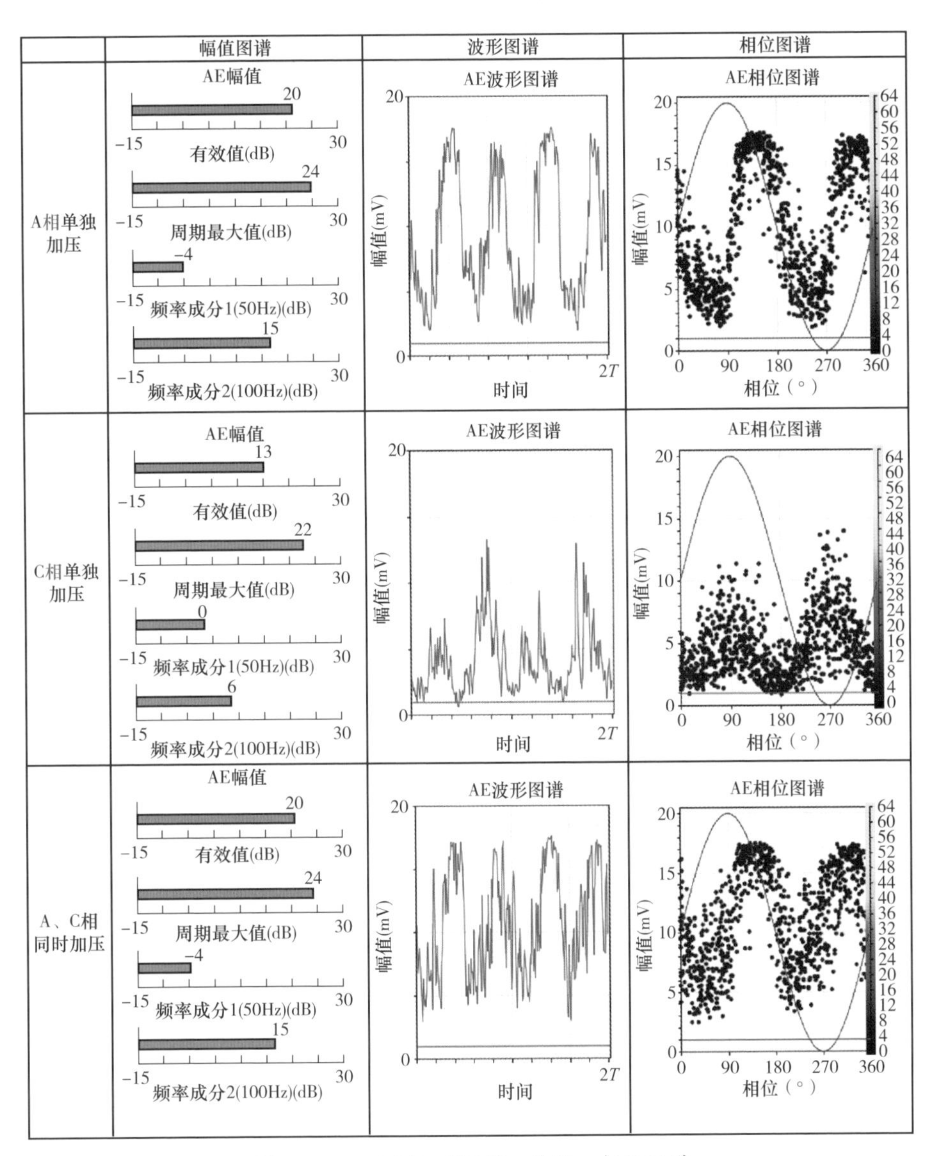

图4-2-8　不同相别幅值、波形、相位图谱

由相位图谱和波形图谱，A、C相在一周波内均有两簇信号，呈双驼峰状，相位较宽，脉冲幅值有大有小，判断A、C相均存在不同程度的沿面放电，其中A相放电更严重。由波形图谱可知，A相加压时采集到的第一簇信号与C相加压时第一簇、第二簇信号相位差分别约为60°和120°，与计算值相符。A、C相同时加压时理论上2个周期内能采集到8簇放电信号。因沿面放

电波形不稳定，放电相位较宽，实际测得不能明显发现有8簇信号。若需看到8簇明显信号，需要各簇信号相位差为90°，此时需要仪器测得A相或C相超声波信号早或晚（与仪器、系统正相位是否一致有关）1/12个周期。对此，需要A、C相到局部放电仪器的距离差为570mm。

考虑现场开关柜、GIS设备相间绝缘距离已固定，现场可通过不同点连续测量，观察波形图谱内波峰间是否存在相对运动来判断是否存在不同相的多点局部放电。对于悬浮放电，因其放电相位宽度较窄，可通过调整测量距离发现明显的2周期8簇信号或信号间的相对运动。对于电晕放电，若存在两相的电晕放电，将会表现出100Hz相关性，通过多点测量观察信号间的是否有相对运动来减少对设备的误判。

4.2.5 监督意见及要求

（1）针对山区变电站封闭母线桥穿墙套管，因环境湿度、多雨等因素，需关注墙壁是否有渗水迹象，防止母线桥内进水受潮。

（2）封闭母线桥内穿墙套管建议采用抗腐蚀能力较强的瓷质套管。

（3）对于超声波局部放电测量，现场存在多相局部放电点时，可调节超声波传感器离各个放电点间的距离差来观察图谱变化进行深入分析，减少对设备的误判、漏判。

4.3 10kV支柱绝缘子开裂导致异常发热分析

- 监督专业：电气设备性能
- 设备类别：绝缘子
- 发现环节：运维检修
- 问题来源：设备制造

4.3.1 监督依据

Q/GDW 1168—2013《输变电设备状态检修试验规程》

4.3.2 违反条款

依据Q/GDW 1168—2013《输变电设备状态检修试验规程》5.20.1.3规定，检测设备外绝缘、支柱绝缘子、悬式绝缘子等可见部分，红外热像图显示应无异常温升、温差和/或相对温差。

4.3.3 案例简介

某公司于2018年3月20日对110kV某变电站开展春季安全大检查时，通过红外精确测温发现，10kV 318出线间隔3184C相上桩头支柱绝缘子温度异常，后期跟踪过程中发现该绝缘子持续发热。为确保设备安全可靠运行，检修公司于4月8日对该发热绝缘子进行了更换，更换后设备运行正常。

4.3.4 案例分析

（1）带电检测情况。现场检测基本信息见表4-3-1，110kV某变电站10kV 318出线间隔3184C相上桩头支柱绝缘子温度异常，发热点最高温度为80℃，如图4-3-1所示，正常相温度为15℃，参照体温度为15℃，环境温度为14℃，当时318出线的负荷电流为174A。发热点的最高温度相对正常相温度高出65K。按DL/T 664-2016《带电设备红外诊断应用规范》的规定，此电压致热型缺陷为危急缺陷。

外观检查未发现绝缘子表面有明显污秽，且发热特征与污秽导致的发热特征有明显区别，附近的其他绝缘子与该绝缘子处于同一环境，均无异常发热。经过多种典型图谱的比对及专业分析，检测人员判断该绝缘子可能存在绝缘子开裂的缺陷，需尽快进行处理。

表4-3-1 现场检测基本信息

变电站名称	××变电站	测试日期	2018.3.20	检测时间	15:10
设备名称及发热异常部位		10kV 318出线间隔3184C相上桩头支柱绝缘子温度异常			
负荷电流	174A	额定电流	—	天气	阴
环境温度	14℃	湿度	70%	距离	5m
辐射系数	0.90	测试仪器	T330	仪器编号	1

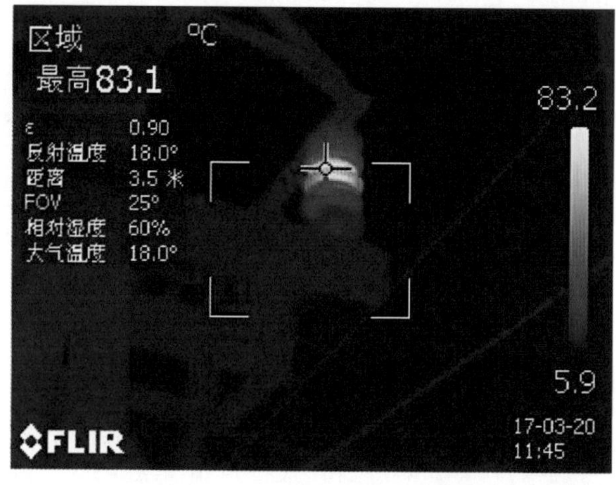

图4-3-1 某变电站10kV 318出线间隔3184C相上桩头支柱绝缘子红外图谱

（2）停电检查情况及分析。停电现场检查发现，10kV 318出线间隔3184C相上桩头支柱绝缘子从上往下第三片瓷裙下沿开始一直纵向贯穿至整个绝缘子的底部有一条明显的裂缝，如图4-3-2所示。

图4-3-2 某变电站10kV 318出线间隔3184C相上桩头支柱绝缘子裂缝

为对缺陷绝缘子进行进一步的分析检测，工作人员将绝缘子回收至电气试验班进行诊断性试验，试验发现3184C相绝缘子在从现场拆卸之后已经完全断裂，如图4-3-3所示。

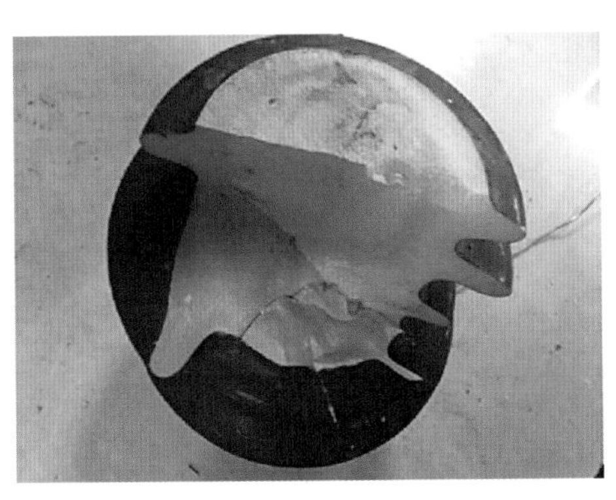

图 4-3-3 某变电站10kV 318出线间隔3184C相上桩头支柱绝缘子分解状态

将开裂绝缘子进行复原，复原后状态如图4-3-4所示，首先对其进行绝缘电阻检测，试验电压为2500V，所测绝缘电阻为2500MΩ（此时绝缘子处于干燥状态，现场条件下当户外下雨绝缘子裂缝处进水后，绝缘电阻会有明显下降）。

图 4-3-4 某变10kV 318出线间隔3184C相绝缘子复原后状态

随后对该绝缘子进行交流耐压试验，同时对耐压状态的绝缘子进行红外测温，情况如图4-3-5所示。

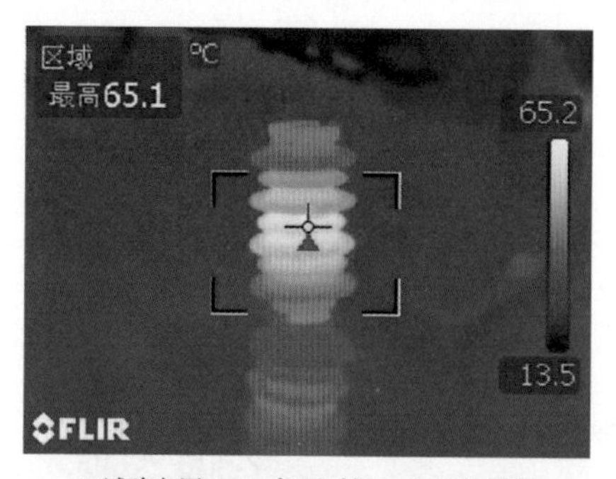

(a) 试验电压 3kV、加压时间 3min 红外热图

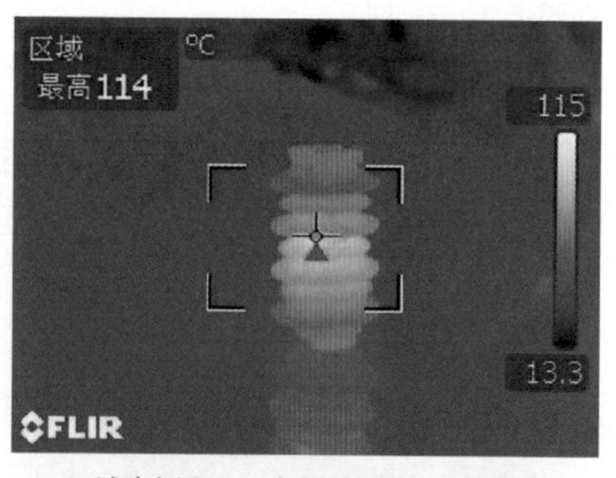

(b) 试验电压 7kV、加压时间 3min 红外热图

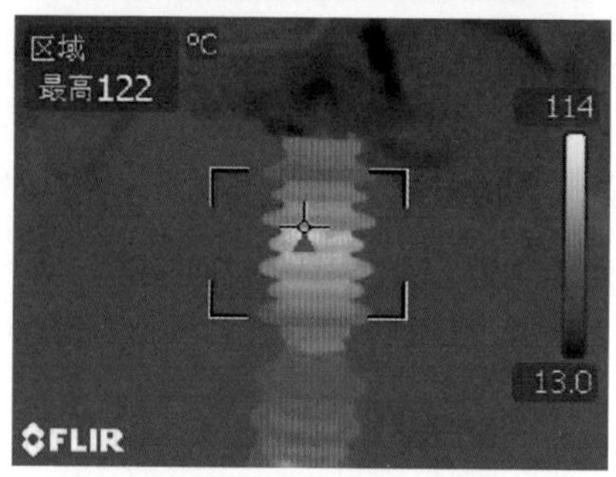

(c) 试验电压 10kV、加压时间 2min 红外热图

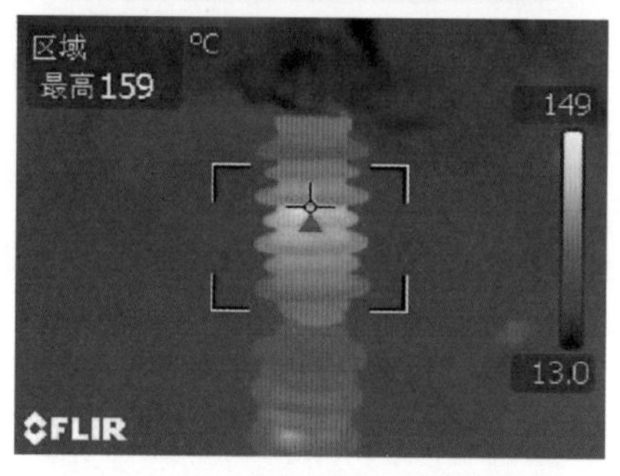

(d) 试验电压 11kV、加压时间 2min 红外热图

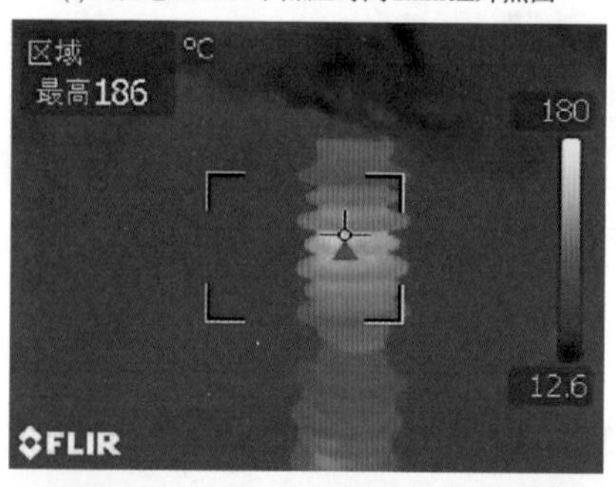

(e) 试验电压 12kV、加压时间 1min 红外热图

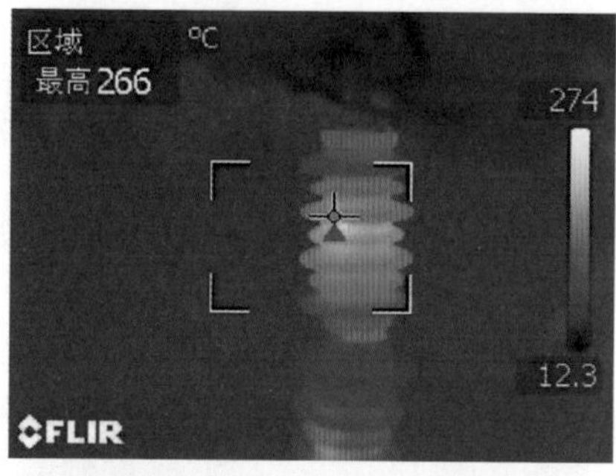

(f) 试验电压 13kV、加压时间 1min 红外热图

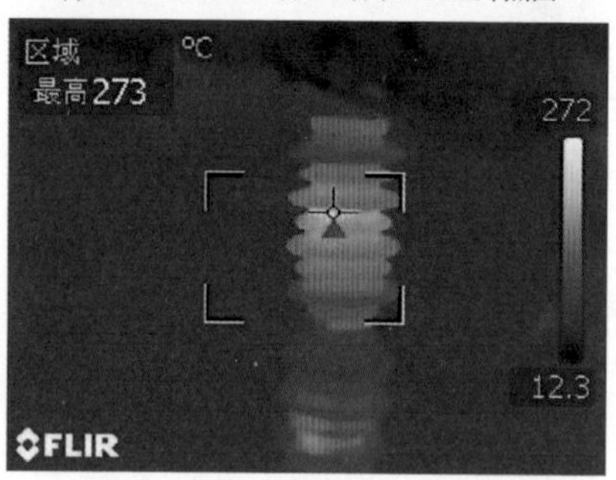

(g) 试验电压 14kV、加压时间 0.5min 红外热图

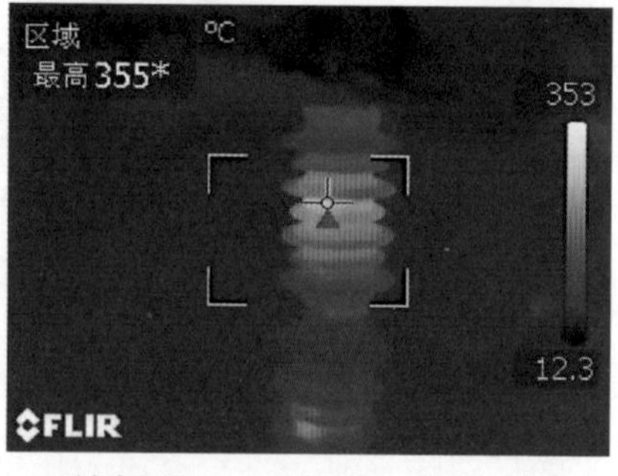

(h) 试验电压 15kV、加压时间 0.5min 红外热图

图 4-3-5　绝缘子耐压及测温情况

从上述检测、检查及分析情况来看，该支柱瓷绝缘子共有7片伞裙，大致可以分为发热特征及绝缘状况不同的三段，如图4–3–6所示。

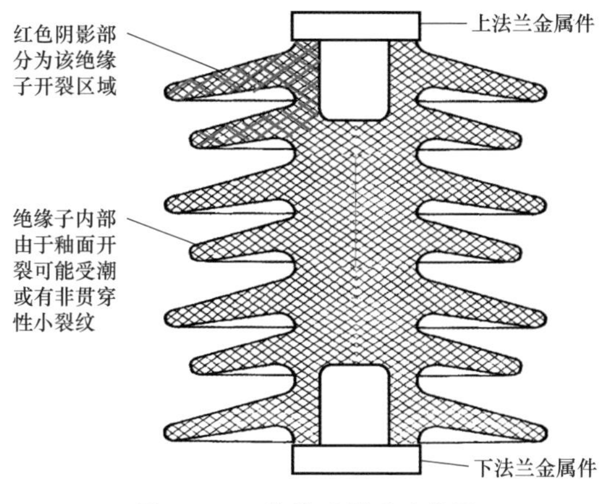

图4–3–6 绝缘子剖面示意图

第一段：从上往下第1、2片伞裙对应部位，有纵向贯穿性裂纹，绝缘为零值，红外检测无明显发热。

第二段：第3~6片伞裙对应高度发热明显，其中以第5片为最高温度中心（比正常相高11K），从上往下方向温度递减，该段绝缘子的绝缘电阻为低值，内部瓷体受潮（或有细小非贯穿性裂纹）。

第三段：第7级伞裙对应高度发热不显著，虽然比正常相高3K左右，但是从温度梯度分布看，属于第二段发热绝缘子传导热量引起的发热，从剖面结构分析，下法兰金属嵌入部分已到达第6片伞裙高度，该位置以上部分的绝缘已显著降低，因此第7片伞裙未承受较大电压，因此无显著发热。

4.3.5 监督意见及要求

（1）通过红外精确测温可以在带电情况下，发现较为严重的支柱绝缘子开裂缺陷。

（2）绝缘子红外检测温度异常时，应从温度场分布特点等方面区分内部绝缘缺陷和表面污秽引起的发热。

（3）瓷质绝缘子绝缘正常、低值、零值三种绝缘状态下，在电压作用下引起的温度变化有不同特点。

4.4 10kV管形母线屏蔽筒密封不良进水受潮导致局部放电分析

- 监督专业：输电线路
- 设备类别：电力电缆
- 发现环节：运维检修
- 问题来源：设备材质

4.4.1 监督依据

Q/GDW 1168—2013《输变电设备状态检修试验规程》

4.4.2 违反条款

（1）依据Q/GDW 1168—2013《输变电设备状态检修试验规程》5.17.1.2规定，巡检时具体要求说明如下：检查电缆终端外绝缘是否有破损和异物，是否有明显的放电痕迹；是否有异味和异常声响。

（2）依据Q/GDW 1168—2013《输变电设备状态检修试验规程》5.17.1.3规定，红外热像检测：检测电缆终端、中间接头、电缆分支处及接地线（如可测），红外热像图显示应无异常温升、温差和/或相对温差。

4.4.3 案例简介

2020年5月1日20时16分，某供电公司变电检修公司运维人员在对110kV某变电站全站设备进行熄灯巡视及红外测温时，发现2号主变压器低压侧管母连接头A相发热64℃，正常相25℃，随即向地调值班员、检修单位专责及运维单位相关人员汇报。

当日23时，检修人员对故障相进行红外精准测温，测温结果为2号主变压器低压侧管母连接头A相温度为71℃，如图4–4–1所示，随后对缺陷部位观察并分析，最终得出该缺陷为电压致热型，属于危急缺陷，需要马上进行处理。

图4-4-1 2号主变压器低压侧管母A相温图

5月2日1时08分，运维人员将2号主变压器由运行转热备用，1号主变压器由热备用转运行，阻止了该缺陷继续发展。5月3日，经运维人员申请，地调下令将2号主变压器转为检修状态，待施工人员、材料及检测装备全部到位后进行处理。

4.4.4 案例分析

（1）设备基本情况。2号主变压器低压侧绝缘管型母线型号为GTM（S）-10/4000，2018年7月出厂，2018年7月31日投运。

该管型母线采用内屏蔽层、绝缘层、外屏蔽层的三层共挤复合屏蔽绝缘母线，主绝缘材料为进口三元乙丙橡胶，外护套材质为聚烯烃，其整体结构设计与电力电缆类似，如图4-4-2所示。

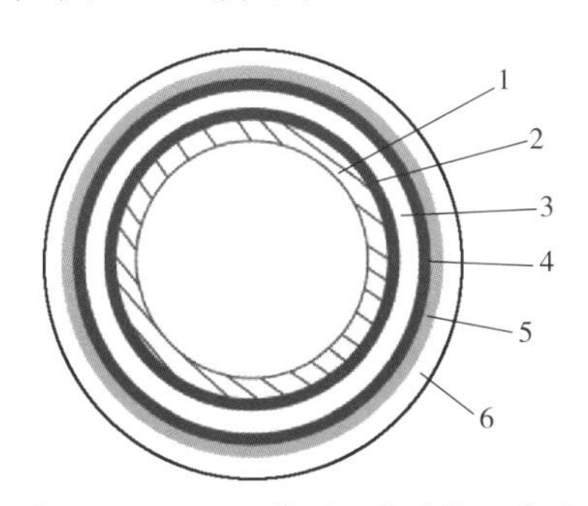

图4-4-2 35kV管型母线结构示意图

1—管型导体；2—导体屏蔽层；3—固体绝缘层；4—绝缘屏蔽层；5—金属屏蔽层；6—护层

屏蔽筒采用电容屏分压原理生产制作，通过控制屏间距使电位梯度均匀降低，直至屏蔽筒外表面电位为零。在屏蔽筒绝缘层设有均压用的电容屏，使得屏蔽筒内的轴向和径向场强均匀，沿整个屏蔽筒全长外设有接地屏，接地屏外设有防护层，如图4-4-3所示。

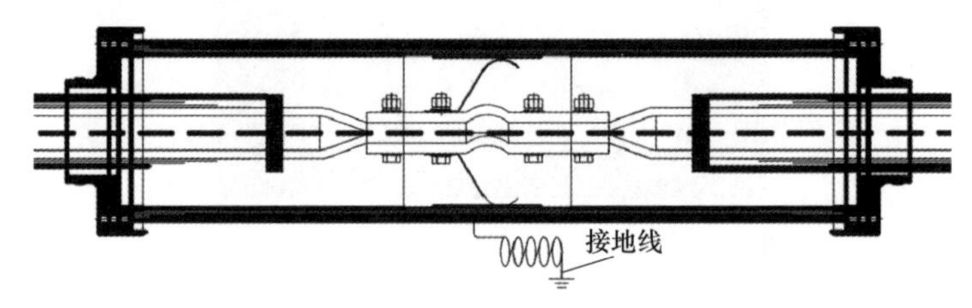

图4-4-3 管型母线屏蔽筒结构示意图

（2）现场检查及试验情况。5月3日，现场工作人员、施工材料等就位后，2号主变压器转检修并开展检修检查。

1）修前分析。绝缘管型母线本体和屏蔽筒是在厂内预制的，通过了严格的出厂试验检测，参数和性能合格后才准予出厂。在现场安装时，只需要拧螺栓和密封处理，没有绝缘制作工艺环节。绝缘管型母线屏蔽筒在现场投运前也通过绝缘电阻、工频耐压试验等。

根据现场查看的情况，通过与厂家维护人员及质检人员分析、讨论，初步认定为绝缘母线中间连接处的密封是在现场施工，可能受天气、温度、湿度以及安装人员的技能等因素影响。

2）解体检查。对2号主变压器10kV管型母线屏蔽筒进行拆除、解体。在拆除屏蔽筒两端密封材料的过程中，发现热缩护套内有明显水痕，在屏蔽筒绝缘击穿一侧的正下方有明显放电痕迹。解体情况如图4-4-4、图4-4-5所示。在现场打开温度异常的屏蔽筒后，发现在屏蔽筒内靠近绝缘母线端部有明显因凝露形成的水滴，如图4-4-6所示。

（3）原因分析。由于母线A相屏蔽筒两端的密封措施未处理好，导致水分和潮气进入屏蔽筒内，水分或潮气形成水流后在屏蔽筒下方堆积（水往低处流），使接头处通过管母外护套至最外层金属屏蔽接地层之间形成放电路径，造成绝缘击穿，如图4-4-7所示。

图4-4-4 2号主变压器低压侧管母解体后

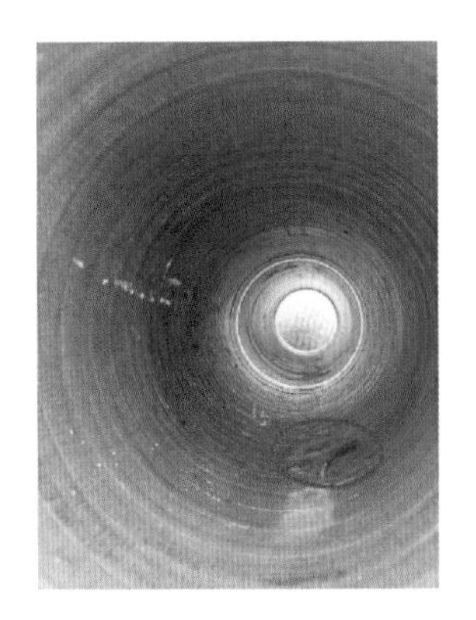

图4-4-5 2号主变压器低压侧管母筒内放电痕迹

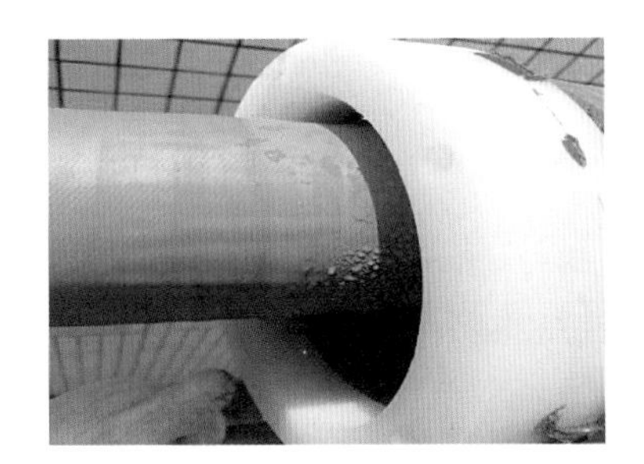

图4-4-6 管母与屏蔽筒交界处凝露

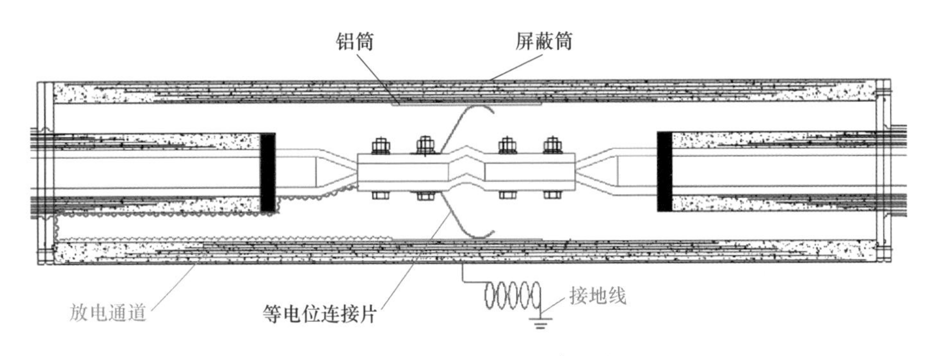

图4-4-7 屏蔽筒绝缘击穿示意图

（4）解决方案。现场经过讨论分析，并参考厂家人员意见，为了确保维护后的绝缘母线不再发生类似情况，解决方案如下：

1）去掉屏蔽筒，使用绝缘支柱架设管母，如图4-4-8所示。

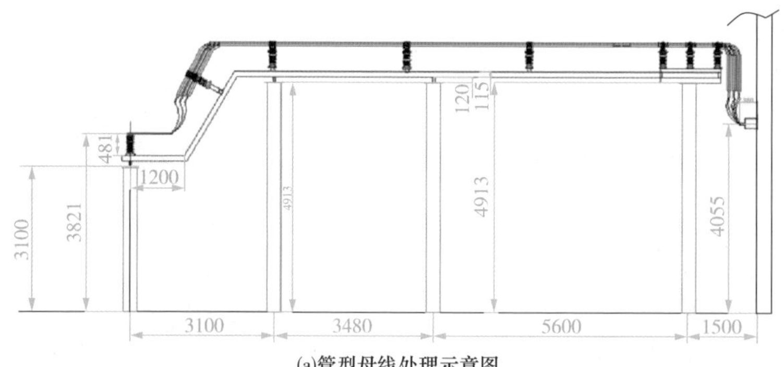

(a)管型母线处理示意图

(b)管型母线处理后现场图

图 4-4-8　管型母线处理示意图和现场图

2）处理完成后对母线进行绝缘电阻测试、耐压试验，试验合格后投入运行。

4.4.5 监督意见及要求

（1）加强设备的设计选型把关。绝缘管型母线具有通流量强、机械强度高、绝缘性能好等优良特性，近年来在电网工程中广泛应用。但电力行业内仅有 DL/T 1658—2016《35kV 及以下固体绝缘管型母线》提供参考，现阶段国内许多厂家的生产技术不是很成熟，设计、安装不到位极易造成事故发生，建议各使用单位通过厂内验收、现场旁站等方式，加强对管母线的设计、制造工艺的监督管控。

（2）加强基建施工阶段的监督验收。特别是绝缘管型母线屏蔽筒两侧、接地等处的防水密封工艺、等电位线的连接可靠性等关键工序需重点把握，必要时采取拍摄视频等方式加强管控力度。

（3）严把交接验收关。对于新投运的全绝缘管型母线，应结合交流耐压试验同步开展特高频局部放电检测，便于发现因安装工艺、施工材料导致的潜伏性缺陷。

（4）加强运维巡视。积极开展红外精确测温、特高频局部放电检测等带电检测，发现缺陷及时汇报，避免恶性事故发生。

4.5 换流站调相机转子接地保护动作分析

- 监督专业：调相机
- 设备类别：调相机
- 发现环节：运维检修
- 问题来源：安装工艺

4.5.1 监督依据

《国家电网有限公司调相机反事故措施》

4.5.2 违反条款

依据《国家电网有限公司调相机反事故措施》3.4.9规定，转子进水盘根冷却水流量应均匀，漏水量应调节满足厂家要求，并做好调节记录。

4.5.3 案例简介

2018年5月25日18时35分，某换流站1号调相机第一、二套调相机—变压器组电气量后备保护（转子接地一点接地保护）动作出口，跳开5601断路器，1号调相机停运，故障前1号调相机无功功率为0.5Mvar，未引起电网异常波动。检查两套调相机—变压器组保护和转子接地保护动作正确，现场检查1号调相机转子盘根结合面漏水。故障发生后，公司立即启动应急响应，组织开展故障检查处理。

4.5.4 案例分析

（1）现场检查情况。现场检查1号调相机第一套、二套调相机—变压器组电气量后备保护动作，动作报告显示开关量2保护动作，查开关量2保护对应为转子接地保护开关量输入。现场检查注入式转子接地保护装置动作报告显示“转子一点接地动作”。1号调相机的调相机—变压器组及转子接地保护装置动作报告如图4-5-1所示。

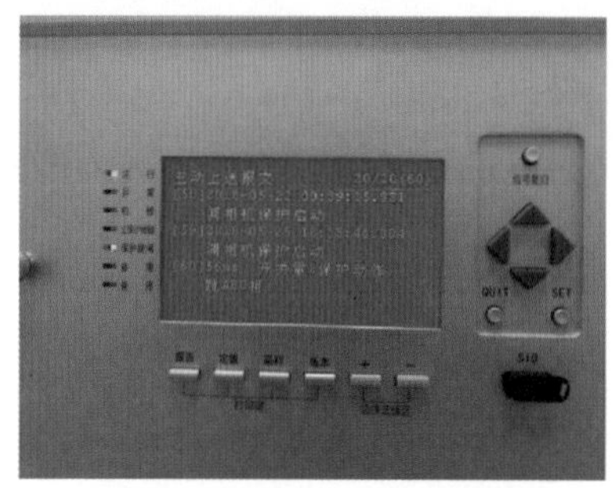

(a) 调相机—变压器组保护装置动作报告

(b) 转子接地保护装置动作报告

图4-5-1 保护装置动作报告

现场检查1号调相机转子盘根结合面漏水，如图4-5-2所示。盘根构架底部地面积水约2cm，打开集电环小室发现励磁母线绝缘板上存在积水，如图4-5-3所示，判断为转子盘根处漏水溢流所致，0m层地面同样有积水现象，如图4-5-4所示。

图4-5-2 1号调相机转子盘根结合面漏水

图 4-5-3 转子盘根构架底部积水

图 4-5-4 集电环室底部绝缘板上积水

（2）故障处理情况。1号调相机惰转到0r/min后，为防止转子因温度高静止过久变形，现场停止转子冷却水系统，手动将盘车启动投入。

经会议讨论后，为防止励磁母线铜排积水绝缘降低，某站连夜安排人员打开励磁母线铜排竖井端盖，检查励磁母线竖井内铜排处，未发现积水现象，如图4-5-5所示。

(a)励磁母线铜排积水情况（正面）

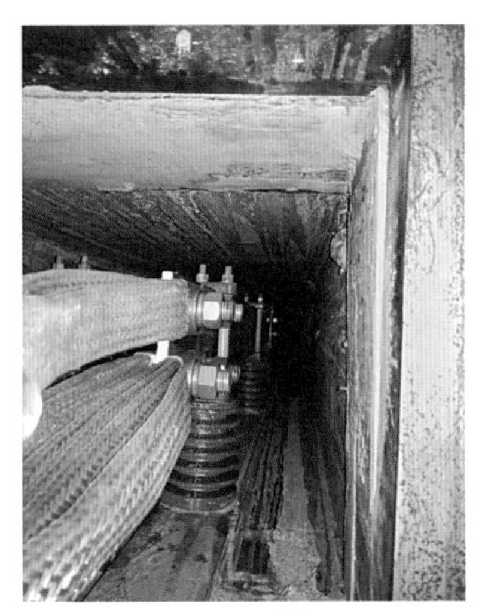

(b)励磁母线铜排积水情况（侧面）

图 4-5-5 励磁母线铜排积水检查

1号调相机转子盘根出现漏水后，运行人员加强调相机设备巡视，每2h开展一次调相机设备特殊巡视。5月26日9时40分，特殊巡视发现2号调相机转子冷却水盘根相同位置出现轻微漏水现象，如图4-5-6所示。

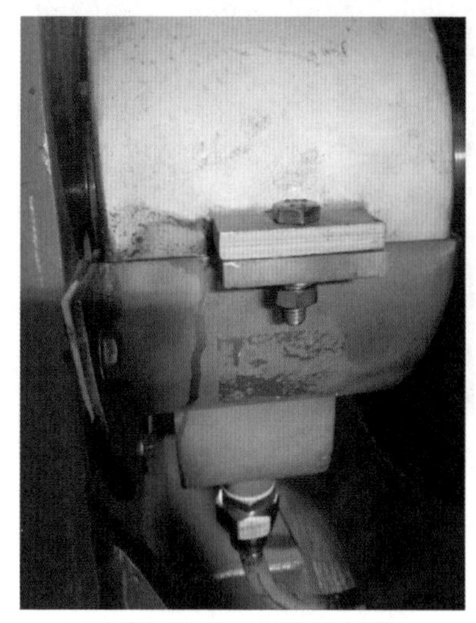

(a)2号调相机转子盘根处漏水情况

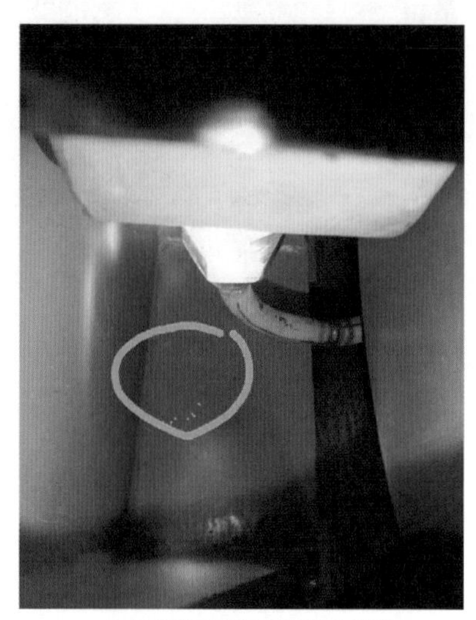

(b)2号调相机转子盘根漏水位置

图4-5-6 2号调相机转子盘根相同位置漏水

（3）原因分析及处理。转子进水支座由支撑件、套、盘根和调节法兰组成，与转子进水管相配合组成转子进水动、静密封结构，防止转子进水向外漏水，将静止的转子冷却水送至旋转的转子中，如图4-5-7所示。

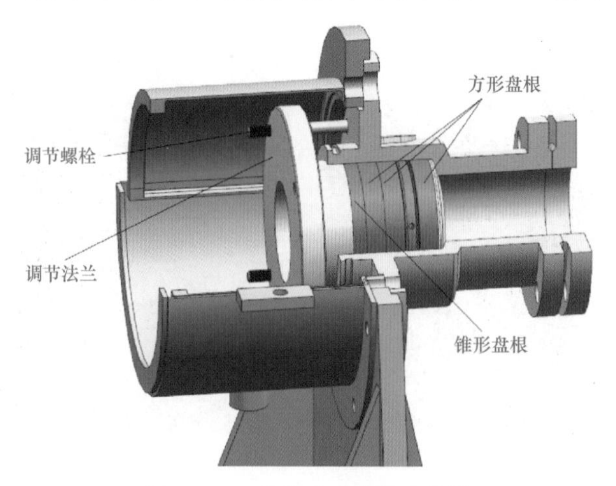

图4-5-7 进水支座内部示意图

1号调相机转子盘根结合面漏水，大量冷却水通过集电环小室绝缘板及集电环小室接缝金属集电环小室，最终导致集电环导电铜排接地，导致转子一点接地动作跳机。1号调相机在运行中转子盘根出现漏水，初步分析为1号调相机使用的转子盘根装配工艺不到位，导致该盘根可能出现形变不够，密封性能受损。

4.5.5 监督意见及要求

（1）此次跳机的直接原因为转子盘根漏水，要求厂家检查停机消缺过程中盘根回装工艺问题。

（2）建议在转子测速齿轮与盘根间隙增加防水挡圈，防止盘根漏水喷洒至励磁室内。

（3）要求厂家全面考虑水、电的隔离处理措施，并提供相应的处理方案，杜绝因盘根区域漏水导致跳机的事件再次发生。

（4）建议在1、2号调相机励磁小间和盘根处加装摄像头，可定期对转子冷却水盘根处进行监视。

4.6 换流站调相机润滑油泵切换过程中跳机事件原因分析

- 监督专业：调相机
- 设备类别：润滑油系统
- 发现环节：运维检修
- 问题来源：工程设计

4.6.1 监督依据

《国家电网有限公司调相机反事故措施》

4.6.2 违反条款

依据《国家电网有限公司调相机反事故措施》13.1.4规定，润滑油压低报警、联启油泵、跳闸保护、停止盘车定值及测点安装位置应按照制造商要求整定和安装，整定值应在满足油压低联启直流油泵的同时跳闸停机。对各压力开关应采用现场试验系统进行通道校验，润滑油压低时应能正确、可靠地联动交流、直流润滑油泵。

4.6.3 案例简介

事故发生前，双极直流系统处于检修状态，2号调相机处于检修状态，1号调相机运行。1号调相机无功功率为–13Mvar，交流润滑油泵B运行，交流润滑油泵A和直流润滑油泵备用，润滑油母管压力0.44MPa。

2018年4月28日16时19分，某换流站运行值班人员执行国调中心操作命令票，转移某换流站35kV 2号站用变压器所带负荷，手动拉开320断路器，10kV备用电源自动投入装置正常动作，10kV Ⅱ母、Ⅲ母联络运行。16时20分，1号调相机热工主保护动作，1号调相机紧急停机，500kV断路器5601分闸。

4.6.4 案例分析

（1）现场检查及处理情况。4月28日16:20:50:333，某换流站执35kV 2号站用变压器所带负荷倒闸操作，手动拉开320断路器。10kV备用电源自动投入装置正确动作，自动拉开120断路器，自动合上132断路器。在10kV备用电源自动投入装置动作期间，10kV Ⅲ母出现短时电压降低，导致所带42B干式变压器、调相机系统站用电400V B端母线电压降低，1号调相机交流润滑油泵B电机失电压停止运行。电气连接示意图如图4–6–1所示。

根据4月28日分布式控制系统（DCS）历史数据分析，1号调相机交流润滑油泵B停止运行后，16:20:50.454，1号机润滑油母管压力低Ⅰ值信号动作，DCS连锁启动1号调相机交流润滑油泵A（备用）和直流润滑油泵。在联启交流备用泵和直流油泵过程中，16:20:50.867，1号调相机润滑油供油口压力低Ⅲ值信号动作，DCS经三取二逻辑判断后发出1号调相机热工主保护紧急停机指令，16:20:51.273，1号调相机500kV断路器5601跳闸，首出原因是润滑油

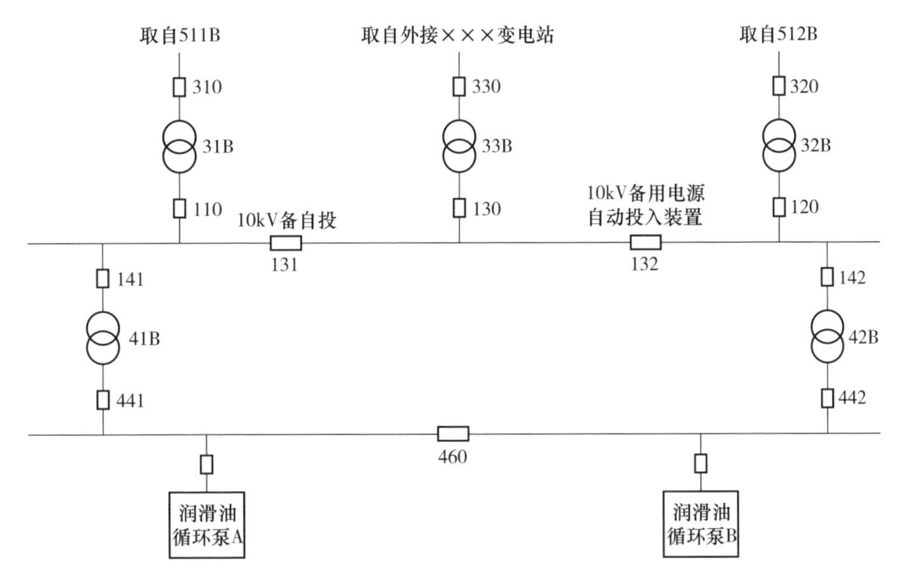

图4-6-1 调相机交流润滑油泵供电系统示意图

压力低Ⅲ值（三取二）紧急停机。

现场检查DCS润滑油保护逻辑组态，当润滑油母管压力低Ⅰ值（0.53MPa）时，联锁启动交流备用油泵和直流油泵；当运行交流油泵跳闸时，联锁启动交流备用油泵。由4月28日DCS历史记录可以看出，当1号机润滑油母管压力低Ⅰ值动作时，1号调相机交流润滑油泵A和直流油泵都联锁启动成功，只是由于直流油泵的动态响应特性使其运行稍慢。

由4月28日DCS历史记录可以看出，1号调相机润滑油供油口压力低Ⅲ值比润滑油母管压力低Ⅰ值晚413ms，油泵停止运行后泄油较快，怀疑1号调相机润滑油供油口压力低Ⅲ值压力开关动作定值不正确。由4月28日DCS历史记录可以看出，润滑油母管压力低Ⅰ值动作到返回经历了800ms。

通过现场检查，润滑油系统滤油器各放油门、油泵出口各放油门均处关闭状态。

（2）事故原因分析与验证。4月30日，1号调相机停止状态，通过校验润滑油供油口压力低Ⅲ值压力开关、试验保护联锁逻辑、检查DCS事件记录等技术措施，分析与验证4月28日1号调相机润滑油压力低跳机原因；通过增加备用泵联启条件（交流润滑油电控柜失电联启备用交流油泵），检测是否能缩短备用泵的联启时间。

通过对三台润滑油供油口压力低Ⅲ值压力开关进行校验，校验结果表明，三台供油口压力低Ⅲ值压力开关的动作值正确。具体分析及验证如下：

1）1号调相机润滑油系统单台交流润滑油泵运行，投入备用泵联锁，多次手动停润滑油运行泵，备用泵和直流油泵均联启成功，这说明DCS润滑油保护逻辑组态正确。

2）1号调相机润滑油系统单台交流润滑油泵运行，切除备用泵联锁，手动停止交流润滑油泵，润滑油供油口压力低Ⅲ值比润滑油母管压力低I值晚1.63s，而4月28日时间间隔为413ms，这说明当润滑油泵全停后，调相机并网运行与停止两种状态下润滑油泄油特性相差较大。

3）DCS事件记录见表4-6-1（A泵运行切换到B泵）和表4-6-2（B泵运行切换到A泵），多次润滑油泵切换试验过程中，润滑油母管压力低I值动作到返回需要经历700～800ms。这说明运行交流润滑油泵跳闸联启备用泵时，建立润滑油压力所需时间较长。

表4-6-1 1号调相机交流润滑油泵A运行切换到B泵过程中DCS事件记录

序号	事件名称	DCS记录时间	间隔时间（ms）	动作情况
1	1号机交流A泵停止指令	14:06:23.874	0	正确
2	1号机交流A泵停止反馈信号	14:06:24.074	200	正确
3	1号机润滑油母管压力低启交流备用泵压力开关（0.53MPa）动作	14:06:24.182	308	正确
4	1号机交流B启动指令	14:06:24.382	508	正确
5	1号机交流B运行反馈信号	14:06:24.582	708	正确
6	1号机润滑油母管压力低启交流备用泵压力开关（0.53MPa）返回	14:06:24.874	1000	正确

表4-6-2 1号调相机交流润滑油泵B运行切换到A泵过程中DCS事件记录

序号	事件名称	DCS记录时间	间隔时间（ms）	动作情况
1	1号机交流B泵停止指令	14:03:05.377	0	正确
2	1号机交流B泵停止反馈信号	14:03:05.576	199	正确
3	1号机润滑油母管压力低启交流备用泵压力开关（0.53MPa）动作	14:03:05.667	290	正确
4	1号机交流A启动指令	14:03:05.868	491	正确
5	1号机交流A运行反馈信号	14:03:06.067	690	正确
6	1号机润滑油母管压力低启交流备用泵压力开关（0.53MPa）返回	14:03:06.467	1090	正确

4）DCS组态中增加交流润滑油泵电控柜失电联启备用交流油泵逻辑后，屏蔽其他联启备用泵条件，手动拉开运行交流润滑油泵电控柜总电源，联启备用交流油泵成功，润滑油母管压力低I值动作到返回需要约600ms。跟未增加该项联启条件相比，时间缩短约100～200ms。这说明DCS组态中增加交流润滑油泵电控柜失电联启备用泵逻辑后，对运行泵跳闸联启备用泵建立油压帮助不大。

（3）暴露问题。通过现场分析与验证，某换流站调相机润滑油系统暴露出如下问题：

1）调相机并网运行时，运行交流润滑油泵跳闸后润滑供油口油压下降过快。

2）交流润滑油备用泵联启后建立压力时间偏长。

3）无稳压装置（蓄能器）。

4）二台交流油泵之间无电气硬回路连锁。

5）经现场核实，润滑油油压跳机定值（低Ⅲ值，0.135MPa）偏高15kPa。

（4）综合分析。2018年4月28日16:20:50，某换流站1号调相机非电量保护动作跳闸的原因是调相机润滑油系统设计存在缺陷，运行交流润滑泵失电压停止运行、联启备用油泵过程中，未及时建立润滑油压力，导致润滑油供油口压力达到低Ⅲ值，触发了1号调相机热工主保护动作，造成1号调相机跳闸。

4.6.5 监督意见及要求

（1）建议增加交流油泵之间电气回路硬联锁。

（2）建议增加润滑油系统蓄能器，并应经过厂家的容量核算。

（3）在（1）、（2）未实施前，再有类似倒闸操作，应做好防止重要辅机设备跳闸预案（如切换到备用泵）。两台调相机同时并网运行时，1、2号调相机运行泵的供电电源应避免取自同一母线上。

（4）调相机并网运行中，检查润滑油系统试验电磁阀是否有内漏。